全国电力行业"十四五"本科规划教材

U0159407

压水堆核电厂水化学

编著　谢学军　廖冬梅　王　瑞
主审　周柏青　张国栋

中国电力出版社
CHINA ELECTRIC POWER PRESS

内 容 提 要

本书共六章，针对压水堆核电站一回路、二回路腐蚀，介绍进行合理选材、表面保护和电化学保护的同时，着重从水化学入手，通过做好水质净化（制备除盐水、一回路水循环净化、凝结水精处理）和水质调节（一回路水加联氨除氧、加氢抑制水的辐照分解和进一步降低氧含量、pH 值调节，有的还加锌；二回路水除氧器热力除氧和加联氨除氧、pH 值调节）防腐蚀。

本书可作为核工程类、能源动力类、材料类、机械类、环境科学与工程类各专业和能源化学工程、应用化学专业等的本科教材，也可作为核科学与技术、动力工程及工程热物理、化学工程与技术、材料科学与工程、环境工程等一级学科硕士研究生的参考教材，还可作为核电站、电力科学研究院、电力设计院等企业新员工的培训教材以及从事电力化学相关工作的技术、管理人员的参考用书。

图书在版编目（CIP）数据

压水堆核电厂水化学/谢学军，廖冬梅，王瑞编 .—北京：中国电力出版社，2024.1
ISBN 978 - 7 - 5198 - 8106 - 1

Ⅰ.①压…　Ⅱ.①谢…②廖…③王…　Ⅲ.①压水型堆－核电厂－水化学　Ⅳ.①TM623.91

中国国家版本馆 CIP 数据核字（2023）第 169470 号

出版发行：中国电力出版社
地　　址：北京市东城区北京站西街 19 号（邮政编码 100005）
网　　址：http://www.cepp.sgcc.com.cn
责任编辑：吴玉贤（010 - 63412540）
责任校对：黄　蓓　马　宁
装帧设计：张俊霞
责任印制：吴　迪

印　　刷：廊坊市文峰档案印务有限公司
版　　次：2024 年 1 月第一版
印　　次：2024 年 1 月北京第一次印刷
开　　本：787 毫米×1092 毫米　16 开本
印　　张：9.5
字　　数：233 千字
定　　价：35.00 元

前　言

　　武汉大学能源化学工程专业的前身是"电厂化学"专业，一直是培养电力系统腐蚀与防护专业人才的摇篮和"黄埔军校"。其培养特点是，结合电力设备腐蚀实际，着重从介质方面解决腐蚀问题；针对压水堆核电站一回路、二回路腐蚀，在进行合理选材、表面保护和电化学保护的同时，着重从水化学入手，通过做好水质净化（制备除盐水、一回路水循环净化、凝结水精处理）和水质调节（一回路水加联氨除氧、加氢抑制水的辐照分解和进一步降低氧含量、pH 值调节，有的还加锌；二回路水除氧器热力除氧和加联氨除氧、pH 值调节）防腐蚀。

　　对于化学基础相对薄弱的核工程类、能源动力类、材料类、机械类等专业学生和核电站的非化学专业工作者来说，知道核电安全十分重要，可能也知道核电安全与水化学密切相关，但不知道燃料包壳的腐蚀与防护为什么和一回路水化学密切相关、如何相关，蒸汽发生器的腐蚀与防护为什么跟一回路和二回路水化学都密切相关、如何相关，堆芯外放射性大小为什么也跟一回路和二回路水化学都密切相关、如何相关，所以，核工程类、能源动力类、材料类、机械类等专业学生和核电站的非化学工作者，迫切需要全面介绍核电站水处理和腐蚀与防护等水化学知识的教材或专著。作者基于我国基本上是压水堆核电站的现实，总结从事水化学教学工作十多年的经验，消化吸收近十年的相关文献资料，并有机结合近十年核电站水化学方面的科研成果，编写成本书。

　　本书共六章，第一章为概述，对我国核电现状和发展进行概述，并介绍压水堆核电站的发电原理和水化学基本内涵；第二章为控制反应性的可溶性中子吸收剂硼酸，介绍压水堆的反应性控制和可溶性中子吸收剂、硼酸浓度的调节和控制及计算、硼酸及其水溶液的性质；第三章为水及水质净化，在概述水及水质的基础上，介绍常规水质净化、放射性废水及其水质净化；第四章为压水堆核电站一回路、二回路腐蚀与防护，在概述腐蚀与防护的基础上，介绍压水堆核电站一、二回路的腐蚀与防护；第五章为堆芯外放射性来源与控制，介绍堆芯、冷却剂、堆芯外放射性来源及堆芯外放射性控制；第六章为压水堆核电站一回路、二回路水化学参数及其质量标准，介绍压水堆核电站一、二回路水化学参数及其质量标准和压水堆核电站设备水压试验用水要求。

　　全书由武汉大学谢学军主编，其中，谢学军、廖冬梅（武汉大学）、王瑞（中国核电工程有限公司）编写第一~三章，谢学军编写第四~六章。全书由谢学军统稿。本书由武汉大学周柏青教授主审，感谢审稿老师对本书提出的意见和建议。

　　本书在写作过程中，参阅了有关研究人员的著作、教材和学术论文等资料，作者对此一并致以衷心的感谢。

　　由于作者水平所限，书中难免有疏漏与不妥之处，欢迎读者批评指正。

编者

2024 年 1 月

目 录

第一章　概　　述

第一节　我国核电现状和发展概述

一、我国核电现状

全球范围内的商用核电反应堆可根据冷却剂/慢化剂的不同，分为轻水堆（包括压水堆和沸水堆）、重水堆及气冷堆，商用核电站可相应分为轻水堆核电站、重水堆核电站及气冷堆核电站，其中轻水堆核电站包括压水堆核电站和沸水堆核电站。大多数用于发电的在运及在建反应堆是压水堆（pressurized water reactor，PWR）。根据国际原子能机构数据，截至2019年8月，全球在运核电机组共451台，其中采用压水反应堆技术的共301台，占比66.74%。

截至2022年4月，我国大陆运行核电机组增至53台，在建核电机组20台。这53台在运核电机组，除石岛湾核电站的1号和2号堆是高温气冷堆、秦山核电站二期的反应堆是加拿大CANDU重水压水堆外，其余核电站的反应堆都是轻水压水堆。

根据国家能源局数据，截至2021年底，我国大陆发电装机容量为23.77亿kW。据中国核能行业协会统计，截至2021年底，我国大陆运行核电机组共53台，额定装机容量5463.695万kW，较2020年增加了361.979万kW，占大陆总发电装机容量的2.3%，完成发电量4071.41亿kWh，占大陆2021年总发电量的5.02%。

目前，我国大陆核能发电占比仍远低于世界平均水平（10%），未来仍有较大提升空间。

二、我国核电的发展与未来

自从1896年发现天然放射性、1934年发现人工放射性和1938年德国的哈恩和斯特拉斯曼发现铀核裂变现象以来，核科学技术无论是用于军事还是用于发电，发展速度都很惊人。

就核电而言，1954年6月在苏联建成世界上第一座功率为5MW的核电站后不久，英国和美国分别于1956年和1957年建成核电站。20世纪60年代后期，核电进入工业规模化的发展阶段。1970年核电只占世界总发电量的1.5%，1975年增至5.5%，1985年猛增至15%，1989年达到17%。核能发电在30年内走完了常规发电100多年的发展历程，至1997年10月，世界上已有30多个国家和地区建成441台核电机组，装机总容量为3.59亿kW。目前，全世界有450多台核电机组在运行。

我国大陆第一座核电站（浙江秦山核电站一期）于1983年开始建造，1991年12月15日并网发电，1994年4月投入商业运营。该电站是我国自行设计和施工建造、设备国产化程度较高的一座压水堆核电站，其功率为1×300MW。广东大亚湾2×984MW核电站是我国大陆第一座大型商业核电站，是全面引进外国资金、人才、设备、技术和先进管理制度建造的压水堆核电站，于1984年4月动工，第一、二台机组分别于1994年2月、5月投入商业运营。

从自主设计、建造秦山核电站300MW核电机组开始，经过三十多年的自主创新，我国核能发展实现了长足进步。虽然因2011年日本福岛核电事故受阻，但2019年我国核电项目审核重启，重启后的全国首个核电项目在福建开工，这是 2015 年之后全国首个核电开闸项目。2020 年 9 月 2 日国务院常务会议指出，积极稳妥推进核电项目建设，是扩大有效投资、增强能源支撑、减少温室气体排放的重要举措。会议核准了已列入国家规划、具备建设条件、采用"华龙一号"三代核电技术的海南昌江核电二期工程和民营资本首次参股投资的浙江三澳核电一期工程。截至 2020 年底，我国大型先进压水堆及高温气冷堆核电重大专项继续稳步推进；自主三代核电型号取得重大进展，"华龙一号"首堆示范工程并网发电，"国和一号"正式发布、示范工程建设进展顺利；小型反应堆示范项目前期工作有序推进；第四代核能技术的研发正在加紧布局。

根据国家电网发布的"碳达峰、碳中和"行动方案，到 2030 年，国家电网经营区核电装机将达到 8000 万 kW，说明未来核电装机容量有巨大增长空间。因为通常核电建设周期约 5 年，所以为了实现 2030 年装机目标，新增核电装机容量必须在 2021～2025 年间陆续开工。这样，国家电网在"十四五"期间新开工核电容量有望达到高峰。正因如此，2022 年 4 月国务院核准了中核浙江三门核电二期和山东海阳核电二期各 2 台 CAP1000 机组、中广核广东陆丰核电 2 台华龙一号机组。

根据中国核电发展中心、国网能源研究院有限公司编著的《我国核电发展规划研究》，到 2030 年、2035 年和 2050 年，我国大陆核电装机容量将分别达到 1.3 亿 kW、1.7 亿 kW 和 3.4 亿 kW，占大陆电力总装机容量的 4.5%、5.1%、6.7%，发电量分别达到 0.9 万亿 kWh、1.3 万亿 kWh、2.6 万亿 kWh，占大陆总发电量的 10%、13.5%、22.1%。

为了实现 2030 年非化石能源占一次能源消费比重将达到 25% 左右的目标，需要核电持续发挥重要作用。2021 年，党中央正式提出"在确保安全的基础上，积极有序发展核电"，核能发展正式迈进新的历史阶段。

第二节　压水堆核电站的发电原理和水化学基本内涵

一、压水堆核电站的发电原理

大亚湾核电站是我国大陆第一座大型商业压水堆核电站，其外观如图 1 - 1 所示。

当今的核能发电机组是利用原子核裂变反应释放出能量，经能量转化而发电的。压水堆核能发电机组的工作原理如图 1 - 2 所示。

图 1 - 1　大亚湾核电站外观

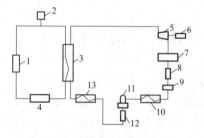

图 1 - 2　压水堆核能发电机组工作原理示意图

1—反应堆；2—稳压器；3—蒸汽发生器；4—主循环泵；
5—汽轮机；6—发电机；7—凝汽器；8—凝结水泵；9—精处理；
10—低压加热器；11—除氧器；12—给水泵；13—高压加热器

在压水堆内，由核燃料^{235}U原子核自持链式裂变反应产生大量热量，冷却剂（又称载热体）将反应堆中的热量带入蒸汽发生器，并将热量传给其工作介质（水），然后主循环泵把冷却剂输送回反应堆循环使用，由此组成一个回路，称为第一回路。这一过程也就是核裂变能转换为热能的能量转换过程。

蒸汽发生器U形管外二次侧的工作介质受热蒸发形成蒸汽，蒸汽进入汽轮机内膨胀做功，将蒸汽焓降放出的热能转换成汽轮机的转子转动的机械能。做了功的蒸汽在凝汽器内冷凝成凝结水，重新返回蒸汽发生器，组成另一个循环回路，称为第二回路，这一过程称为热能转换为机械能的能量转换过程。汽轮机的转子直接带动发电机的转子旋转，使发电机发出电能，这是由机械能转换为电能的能量转换过程。

二、压水堆核电站水化学的任务

随着反应堆运行"堆年"的增加，也就是随着反应堆运行时间的延长，会相继发生一些水化学问题，如水质问题、设备和材料的腐蚀问题、放射性污染问题等。水化学问题处理不好，也就是水化学控制不好，将突出影响反应堆的运行安全。曾经相继发生典型的水化学问题，如由于核电机组凝汽器黄铜管不耐海水腐蚀而穿孔泄漏海水至二回路、污染二回路凝结水水质，进而引起蒸汽发生器管腐蚀，导致一回路冷却剂进入二回路、放射性进入二回路，严重影响核电站的运行安全。为了解决这一水化学问题，也就是在海水中运行的凝汽器黄铜管的腐蚀问题，人们曾付出很多努力，最终通过更换黄铜管为价格昂贵但耐海水腐蚀的钛管，同时管板也采取有效的防腐蚀措施，如包覆钛皮、采取牺牲阳极的阴极保护等，才解决问题。

反应堆的安全由其屏障保证。为了防止放射性裂变产物释放到环境，核电站设有四道屏障，即芯块、燃料包壳、一回路系统和安全壳。其中燃料棒中燃料芯块和装有芯块的锆合金燃料包壳是防止功率运行期间产生的裂变产物释放到环境的头两道屏障。燃料包壳的完整性与一回路水化学工况有关，保护燃料包壳的完整性是核电站运行安全的主要目标，因此要做好锆合金包壳的防腐蚀。一回路系统，特别是安全壳内蒸汽发生器的完整性良好的一回路系统，是防止活化腐蚀产物、裂变产物和燃料包壳破损而泄漏的放射性物质释放到环境的又一道屏障。水化学对反应堆压力容器不会有重大影响，但水质对压水堆蒸汽发生器的完整性有重大影响，一方面是蒸汽发生器受到一回路水质好坏的重大影响，另一方面是二回路水化学控制不善引起的耗蚀、点蚀、凹陷和晶间腐蚀等严重问题也导致许多核电机组蒸汽发生器的失效，说明保持压水堆一、二回路良好的水质是非常重要的。水化学不会影响作为反应堆屏障的安全壳系统。所以，水化学可以影响含有放射性的反应堆的第二、三道屏障的安全性，从而影响核电站的安全性，包括影响堆芯以外的辐射场的放射性积累，从而影响工作人员经受的辐射剂量。一方面腐蚀产物可能活化而增加堆芯外放射性积累，另一方面腐蚀可能削弱安全屏障的性能，甚至可能导致安全屏障的直接破坏，即使在运行期间屏障的完整性是完好的，也可能瞬间发生破裂，酿成事故。

之所以说水化学通过影响堆芯外辐射场的放射性积累、影响工作人员经受的辐射剂量，是因为为了保证核电机组（特别是反应堆）的安全性，工作人员必须对其进行定期检查和维护（维修），维修是职业性经受辐射照射的主要原因；停堆后维修经受的辐射照射主要是活化腐蚀产物提供的，因为停堆后堆芯外放射性主要由活化腐蚀产物提供。

因此，水化学控制得好，不但有利于确保反应堆含有放射性的屏障的完整性，也有利于减少维修和减少维修工作人员经受的辐射剂量。

综上所述，核电站水化学控制的目标和任务如下：

（1）控制一回路、二回路腐蚀，保障放射性屏障的完整性，特别是确保燃料包壳的完整性、一回路压力边界的完整性、减少蒸汽发生器的腐蚀。

（2）控制一回路腐蚀和腐蚀产物的迁移，降低一回路放射性，特别是冷却剂中裂变产物的放射性和活化腐蚀产物的放射性，降低剂量率。

三、压水堆核电站水化学的基本内涵

压水堆核电站发电必须用水，一般要用到海水、淡水（包括江、河、湖水和地下水等，也称原水），以及清水、除盐水等经过处理的水。海水主要用作冷却水（包括一回路最终热井，二回路凝汽器冷却水），原水也可用作冷却水，但原水主要用来制备除盐水；清水是原水经预处理（如混凝、澄清、过滤）后的水，在核电站也称生产水，可用作除盐装置的进水。除盐水主要用作一回路冷却剂和慢化剂及其补充水、乏燃料池冷却水及其补充水，二回路发电工质或工作介质（水汽）及其补充水，发电机冷却水、闭式循环冷却水等。压水堆一回路用除盐水作为冷却剂和慢化剂，受热后变成高温高压水，不变成蒸汽。

压水堆核电机组一回路冷却剂、二回路工作介质能不能直接用淡水而不用除盐水呢？答案是不能。因为直接用淡水会遇到换热器管结垢、汽轮机叶片积盐、与水接触的金属表面腐蚀以及放射性增大或泄漏等问题，甚至是难题。

如何解决压水堆核电机组用天然水发电遇到的问题或难题呢？需要组织好压水堆核电机组一回路、二回路水化学，做好水质净化、水质控制和防腐蚀及放射性抑制。具体是，一回路：加硼酸控制反应性，将淡水制备成除盐水，启动过程中温度升高到一定值时加联胺除氧、运行过程中加氢或氨、联胺抑制水的辐照分解并进一步降低一回路水的氧含量，加碱（氢氧化锂或氨水/氢氧化钾）抑制腐蚀、控制腐蚀产物迁移，运行过程中将一部分一回路水连续循环净化，对反应堆排水净化、除气、硼水分离后复用，有的还加锌减轻应力腐蚀破裂和降低剂量率；二回路：将淡水制备成除盐水，加碱（氨水或吗啉、乙醇胺）抑制腐蚀，对二回路水进行热力除氧、必要时加联胺除氧、对凝结水进行精处理，对蒸汽发生器排污水、凝汽器冷却水、发电机内冷水、闭式循环冷却水进行处理。

第二章　控制反应性的可溶性中子吸收剂硼酸

第一节　压水堆的反应性控制和可溶性中子吸收剂

一、压水堆的反应性控制方式及其控制目的

1. 压水堆的反应性控制方式

(1) 压水堆的快速变化反应性控制，主要通过改变控制棒在堆芯中的位置来实现。压水堆的反应堆堆芯位于压力壳中间偏下的位置，主要由核燃料组件、控制棒组件、可燃毒物棒组件和中子源组件等组成。控制棒组件由一定数量的控制棒组成，控制棒为圆柱形棒，内装银-铟-镉材料的中子吸收体，插在燃料组件的控制棒导向管内，控制棒上端固定在星形架上。控制棒组件的作用是控制核燃料自持链式裂变反应速率，从而调节反应堆的功率输出；事故情况下将控制棒急速插入堆芯，使反应堆在极短的时间内紧急停堆。

(2) 启动时利用可燃毒物棒辅助控制初始反应性。因为反应堆核燃料的初装载量一般比临界装载量大很多倍，若只用硼中子吸收液来补偿控制过剩反应性，则需较高的硼浓度（大于 1000mg/L），这可能导致压水堆反应性温度系数（温度升高一度引起的反应性变化称为反应性温度系数）为正值；硼浓度越高，反应性温度系数的正值越大，所以启动时利用可燃毒物棒辅助控制初始反应性。

(3) 对于燃耗和氙中毒引起的缓慢反应性变化，通过改变冷却剂中的可溶性中子吸收剂硼浓度来补偿，称为化学补偿控制。

2. 压水堆反应性控制的目的

(1) 压水堆的快速变化反应性控制目的如下：

1) 吸收初期过剩反应性。

2) 启动或关闭反应堆以及调整反应堆的功率水平时，能够随时增加或减少中子注量率，即改变反应性。

3) 维持功率水平。

4) 保证堆的安全。发生事故或出现紧急情况时，迅速降低反应性，快速停堆。

(2) 压水堆的化学补偿控制目的如下：

1) 吸收反应堆启动初期的过剩反应性。

2) 调整和维持反应堆功率水平。

3) 保证反应堆安全、可靠地运行。

二、可溶性中子吸收剂

1. 采用可溶性中子吸收剂控制反应性的原因

由于压水堆以干净的除盐水作为一回路慢化剂兼冷却剂，水的某些性质给压水堆的物理及反应性控制设计带来了一系列特点。

(1) 水的膨胀系数大，堆内温度变化范围宽，造成反应性的负温度系数较大，这是多普勒效应和水的温度效应的结果。多普勒效应表现在燃料元件温度升高时，^{238}U 对中子的共振

吸收截面增大，导致反应性下降；水的温度效应表现在温度升高引起水的密度减小、慢化性能降低，也导致反应性下降。这样，非化学补偿控制的压水堆的反应性温度系数是负的，温度升高会自发地引起反应性降低，从而控制温度的进一步提高，这种自稳调节作用，显然对安全有利。

（2）由于长期维持功率输出的需要，压水堆的后备反应性特别高，即堆芯运行初期要求补偿的反应性很大。而水对热中子的吸收截面较大，即水吸收中子能力较强，导致控制棒效用相对削弱，因而所需控制棒数量增加；但水的慢化能力强，传热性能好，因而堆功率密度高，堆芯体积小，给控制棒留有的空间有限。

上述情况使得控制棒的利用受到不少限制，一方面大量使用控制棒使堆芯及压力壳的设计十分复杂，对安全不利；另一方面控制棒的排列方式和单位体积中子吸收能力不能随燃耗的增加及时变化、以适应堆芯展平中子注量率的要求，设计者只能选择一种折中的控制棒排列方案，因而使燃耗深度受到限制，有碍于电厂经济性的进一步提高。如果同时采用可溶性中子吸收剂控制反应性，上述情况可得到根本改善，原因如下。

1）中子吸收物质溶解在冷却剂中，不需要任何额外的空间就能起到吸收中子的作用，并且能按照需要调节中子吸收物质的浓度，可以省去大量控制棒，简化了堆芯及压力壳设计，既经济又安全。

2）可溶性中子吸收剂在堆芯水容积中均匀分布，大大消除了控制棒局部峰值效应造成的中子注量率的不均匀性，降低了径向功率不均匀系数，带有反应性化学控制的压水堆在运行时，几乎可将控制棒全部提出堆芯，使堆芯功率密度分布均匀且不随燃耗变化。

3）可溶性中子吸收剂的使用对安全有利。例如停堆换料时，可以很方便地通过提高冷却剂中中子吸收剂浓度的办法防止反应堆重返临界；事故时向堆芯注入高浓度中子吸收剂，是安全棒的一个补充保护手段；尤其是发生失水事故时，用较高浓度的中子吸收剂溶液冷却堆芯更是必不可少的。

早期压水堆的反应性控制完全由控制棒和可燃毒物棒来完成，随着压水堆大型化以及堆芯功率密度提高和燃耗加深，开始同时使用可溶性中子吸收剂控制反应性。可溶性中子吸收剂的使用，不但促进了压水堆的发展，而且成为第三代压水堆的重要标志。

2. 选择硼酸作为可溶性中子吸收剂的原因

良好的中子吸收剂应具备哪些条件，什么核素符合这些条件呢？

要求中子吸收剂具备的条件是：中子吸收截面大；在水中有足够的溶解度；不引进或少引进其他无关元素；物理化学稳定性好，无感生放射性，与反应堆材料相容；价廉易得。显然，良好的中子吸收剂必须是易溶于水、强烈吸收中子、不引进或少引进其他无关元素、不感生放射性、稳定性好的价廉易得物质。有没有这样的物质呢？没有，因而只有退而求其次，选择易溶于水、吸收中子能力较强、少引进其他无关元素、不感生放射性、稳定性较好的易得物质硼酸。这是为什么呢？原因是中子吸收截面大的元素，如 Cd（镉，中子吸收截面 2450b[❶]）、Gd（钆，中子吸收截面 46000b）、Sm（钐，中子吸收截面 5600b）、Eu（铕，中子吸收截面 4300b）等元素，其水合物的溶解度很低，达不到化学补偿控制要求的浓度，而且 Gd、Sm、Eu 还是稀土元素、贵。B（硼）的中子吸收截面虽然不太大，但硼酸得天独

---

❶ b 为面积单位靶恩（barn），用来表示核反应截面的大小，现不属于我国法定计量单位。

厚的其他条件使其成为可溶性中子吸收剂。因为硼酸在化学上稳定，可以溶解于冷却剂水中，在水中不易分解；是一种弱酸，但对冷却剂水的 pH 值影响很小，控制得好不会增加反应堆冷却剂系统材料的腐蚀速率；不易燃烧、爆炸；硼酸久已在工业上大规模生产，价格也不贵；基于上述理由，硼酸用于核电站是安全的。现代压水堆的反应性控制，主要是借助调节控制棒在堆芯内的位置或改变一回路冷却剂硼酸浓度完成的。一些压水堆的反应性控制中，化学补偿控制占到了总控制额的 70%。

注意：

（1）在核物理学中，用中子吸收截面表示中子被吸收的概率，即中子打到靶核上被吸收的概率，用热中子吸收截面表示热中子被吸收的概率，用核截面表示各类核反应概率的大小。下面简单加以介绍。

设有一均匀且速度单一的中子束垂直入射到靶薄片的原子核上。令靶片的面积为 $1cm^2$，靶片内原子核密度为 N（原子数 $/cm^3$）。若中子束入射到靶片内 x 深度处，则厚度为 dx 层上的中子束强度为 $\phi(x)$ [中子数 $/(cm^2 \cdot s)$]，见图 2-1。

ϕ 为单位时间（每秒）入射到靶单位面积上的中子数，即靶片单位面积 dx 层中每秒发生的反应次数。中子束通过 dx 层时，由于发生某种类型的核反应，中子束强度减弱，其减少量为 $-d\phi$。实验证实，$-d\phi$ 与中子束强度 ϕ、靶片内原子核密度 N 以及厚度 dx 成正比，即

$$-d\phi = \sigma \phi N dx \tag{2-1}$$

式中：σ 为比例常数；Ndx 为原子核数 $/cm^2$。

式（2-1）可写成

$$\sigma N dx = -d\phi/\phi \tag{2-2}$$

根据 ϕ 的定义，上式中 $-d\phi/\phi = \sigma N dx$ 表示中子束中一个中子与 dx 层内靶发生反应的概率。

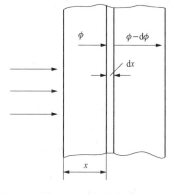

图 2-1　中子穿过薄靶的衰减

而 Ndx 为 dx 层内的原子核数，因此 $\sigma = (-d\phi/\phi)/(Ndx)$ 可看作是靶层中一个靶（原子核）与中子束内一个中子发生某种类型核反应的概率。

因为 N 的单位是原子核数 $/cm^3$，Ndx 的单位便是原子核数 $/cm^2$，因此 σ 具有面积的量纲，所以 σ 称为一个中子与靶片的一个原子核间发生某种类型核反应的微观截面，它的单位是靶恩（b），$1b = 10^{-24} cm^2$。

按中子与原子核反应类型，相应有微观散射截面 σ_s、微观俘获截面 σ_f 和微观裂变截面 σ_L。若 $1cm^3$ 中原子核密度为 N，则乘积 $N\sigma$ 称为宏观截面，用符号 Σ 表示，它的含义是一个中子从 $1cm^2$ 面积上入射后与 $1cm^3$ 内原子核反应的概率，其单位为 cm^{-1}。

简言之，核截面可设想为粒子轰击原子核的有效靶面积，即粒子轰击打中这一面积，就会发生核反应。（热）中子截面可设想为（热）中子轰击原子核的有效靶面积，即（热）中子轰击打中这一面积，就会发生（热）中子核反应。

（2）天然硼有两种同位素（^{10}B 和 ^{11}B），其中 ^{10}B 占 19.8%，其（n，α）反应的热中子吸收截面约为 3837b；其余是占 80.2% 的 ^{11}B，其热中子吸收截面仅为 $5.5 \times 10^{-3}b$，吸收热中子控制反应性的能力很低。所以，硼酸中有反应性控制能力的主要是 ^{10}B，而且 ^{10}B 的热中子吸收反应生成物为稳定的 ^7Li，^7Li 正好是提高冷却剂 pH 值所需的。

（3）加入的硼酸中，约80％是没有什么热中子吸收能力的，相当于是加入的杂质，因而要研究开发富硼酸，也就是提高硼酸中^{10}B的含量。

（4）硼酸的加入可能使冷却剂水的反应性温度系数为正。因为向冷却剂中加入硼酸后，温度升高引起冷却剂体积膨胀、硼浓度相应降低，使冷却剂吸收中子能力下降、反应性上升。显然，硼浓度越高，反应性温度系数越可能为正。欲使反应堆最终具有负反应性温度系数，务必控制冷却剂的硼浓度，使其引入的正温度系数小于多普勒效应和慢化剂温度效应所具有的负温度系数之和。有的压水堆核电站，为了安全运行、使运行中慢化剂温度系数保持负值，要求在反应堆工作温度（280～310℃）下硼的浓度应不大于 1400×10^{-6}（即1400mg/L）。

（5）^{10}B在运行过程中的逐渐消耗称为硼的燃耗。如果以堆芯水容积为200m^3、冷却剂平均硼浓度为500mg/L计，则一个压水堆每年需要消耗20kg ^{10}B，相当于600kg硼酸。由于调节、安全和换料等需要，反应堆各系统硼酸贮备量达数十吨，加上反应堆排水的硼、水分离复用，硼的燃耗量每年仅占贮备量的1％以下，^{10}B的消耗在相当长时期内不会对整个一回路的硼酸循环复用产生明显影响，但在运行过程中，难免要更新一部分硼酸，用来抵偿^{10}B的损失。

第二节 硼酸浓度的调节和控制及计算

一、硼酸浓度的调节和控制

化学补偿控制，即冷却剂中硼酸浓度的调节和控制，通过注入硼酸或除盐水和利用除硼床来调节和控制冷却剂中的硼浓度来控制反应性，具体由化学和容积控制系统完成。

1. 硼酸浓度的较快调节和控制

具体通过化学和容积控制系统的上充泵以充排方式进行。

利用充排方式可以较快调节和控制冷却剂中硼浓度，操作简单可靠，在堆芯寿期的大部分时间内，可以运用。

若要提高冷却剂中硼酸浓度（加硼），可将硼酸通过化学和容积控制系统的上充泵注入主回路并排放掉相应体积的冷却剂；反之，需要减硼时，可将除盐水通过化学和容积控制系统的上充泵注入主回路并排放掉相应体积的冷却剂。这样加硼或减硼的速度较快，可以满足反应性较快控制要求。

需要注意以下事项：

（1）在反应堆停堆、换料及补偿衰变引起的反应性增加时，需要向一回路冷却剂系统注入浓硼酸溶液，并将相应数量的冷却剂排放到硼回收系统中去，以提高一回路系统冷却剂的硼浓度。加硼过程中所用的浓硼酸溶液由硼酸制备系统供给，即由浓硼酸制备箱将干硼酸配制成一定浓度硼酸溶液，然后输送到浓硼酸储存箱内贮备，以供化学和容积控制系统使用。

（2）用注入浓硼酸或除盐水的方法"加硼"或"减硼"时，向堆芯冷却剂中注入多少体积的浓硼酸溶液或除盐水，相应地要从堆中排出相同体积的冷却剂；而且充水和排水不是简单的容量置换，而是一种注入—混合—排放过程，因为主回路冷却剂循环量每小时以十万吨计，大大超过注水流量，可以认为注入的水迅速与整个回路混匀，排出的已是混匀了的冷却剂。

如果以 C_0 表示注入溶液的硼浓度，C_1 和 C_2 分别表示冷却剂中的初始硼浓度和需要达到的硼浓度，则可通过如下公式计算需要注入的浓硼酸或除盐水量：

$$V = V_0 \cdot \ln[(C_0 - C_1)/(C_0 - C_2)]$$

式中：V 为需要注入的除盐水或浓硼酸体积，m^3；V_0 为主回路冷却剂水的总体积，m^3。

如果设 dV、dC 分别为体积和硼酸浓度的微小变化，则上述公式的推导过程为

$$C_0 dV - C dV = V_0 dC \longrightarrow (C_0 - C) dV = V_0 dC \longrightarrow (V_0 dC)/(C_0 - C) = dV$$

$$\longrightarrow -[V_0 d(C_0 - C)]/(C_0 - C) = dV$$

$$\longrightarrow \int_{C1}^{C2} [-d(C_0 - C/(C_0 - C))] = (1/V_0) \int_0^V dV$$

$$\longrightarrow V = V_0 \cdot \ln[(C_0 - C_1)/(C_0 - C_2)]$$

停堆时，由于 C_0 远远大于 C_1 和 C_2，故注水量（也相当于排放量）很小；启动时注入的除盐水（$C_0 = 0$）量大得多，并且 C_1/C_2 的值越大，需要充入和排出的水量越大。

假设 $V_0 = 200m^3$，冷却剂运行时的硼浓度为 800mg/L、停堆所需的硼浓度增值为 400mg/L，则停堆一次需注入 $C_0 = 7000$mg/L 的浓硼酸约为 $14m^3$，启动时需注入除盐水 $80m^3$；当冷却剂运行硼浓度为 100mg/L、停堆所需的硼浓度增值为 300mg/L 时，冷停堆一次需要充入浓硼酸 $6m^3$，启动时需注入除盐水 $280m^3$。

由上面简略的计算可知，冷却剂中硼浓度较低时，用充水法稀释将引起大量的堆水排放。

2. 硼酸浓度的较慢调节和控制

在堆芯寿期末，冷却剂中要求的硼浓度已很低时，可以利用离子交换法除硼，进一步降低冷却剂中硼的浓度，即让冷却剂通过除硼离子交换器（内装 OH 型阴离子交换树脂），使冷却剂中硼酸根离子与树脂中氢氧根离子（OH^-）发生交换反应，冷却剂中的硼浓度随之降低。

也可通过除硼离子交换器中 OH - BO₃ 型离子交换树脂的热再生法加硼，因为 OH 型阴离子交换树脂对硼的吸着量随温度而变化，即在低温时它对硼的吸着容量高于高温时的吸着容量，因而改变进水的温度能调节出水的硼浓度。当需要除硼时，降低冷却剂的温度，此时 OH 型阴离子交换树脂就能有效地吸着硼；当需提高冷却剂中硼的浓度时，提高冷却剂温度到 50℃，此时已吸着的硼就会解吸下来。

二、用于反应性控制的硼浓度计算

硼酸对热中子堆反应性的影响，主要是改变反应堆的热中子利用系数（中子可利用度）f，即硼酸对热中子堆反应性的影响，主要通过改变热中子的利用系数来实现。

设 f_0 和 f 分别为堆内无硼和充硼时的热中子利用系数，要求控制的反应性变化为 ρ_w，则

$$\rho_w = (f_0 - f)/f \tag{2-3}$$

在均匀堆中有

$$f_0 = \sum{}_{aF}/(\sum{}_{aF} + \sum{}_{aM}) \tag{2-4}$$

及

$$f = \sum{}_{aF}/(\sum{}_{aF} + \sum{}_{aM} + \sum{}_{aB}) \tag{2-5}$$

式中：$\sum_{aF}$ 为燃料的热中子宏观吸收截面面积；$\sum_{aM}$ 为慢化剂（包括结构材料等）的热中子

宏观吸收截面；$\sum_{aB}$ 为硼的热中子宏观吸收截面。

把式（2-4）及式（2-5）代入式（2-3）并简化，得

$$\rho_w = (\sum_{aB}/\sum_{aM})/(\sum_{aF}/\sum_{aM}+1) \qquad (2-6)$$

由式（2-4）可得

$$\sum_{aF}/\sum_{aM} = f_0/(1-f_0) \qquad (2-7)$$

把式（2-7）代入式（2-6），得

$$\rho_w = (1-f_0)(\sum_{aB}/\sum_{aM}) \qquad (2-8)$$

下面推导式（2-8）可以用硼浓度来表示。

因为硼浓度一般用 mg/L 作单位，即每千克溶液中含 1mg 硼 [1mg B/（kg 水溶液）] 时的硼浓度。为了便于公式推导，把硼浓度单位 mg/L 的内涵由 1mg B/（kg 水溶液）改为 1mg B/（kg H_2O），即每千克水中含 1mg 硼时的硼浓度。根据这样更改推导出来的公式计算硼浓度，肯定有误差，误差的大小取决于硼酸溶液的密度与除盐水的密度差。硼酸溶液中硼浓度越低，硼酸溶液的密度越接近于除盐水的密度，计算结果的误差越小，在实际应用时可以忽略不计。

设 C_B 为用于反应性控制的硼浓度，单位为 mg/L [1mg B/（kg H_2O）]，则单位体积中硼的质量 m_B 与单位体积水的质量 m_w 之比为

$m_B/m_w = C_B \times 10^{-6}$（如果不把硼浓度单位 mg/L 的内涵作上述修改，这个公式不成立）

因硼的摩尔质量为 10.8 g/mol，水的摩尔质量为 18.0 g/mol，所以硼原子密度 N_B（原子/cm^3）与水的分子密度 N_W（分子/cm^3）分别为

$$N_B = m_B N_A/10.8 ; N_W = m_w N_A/18.0$$

式中：N_A 为阿伏伽德罗常数。故

$$N_B/N_W = (m_B/m_w) \times (18.0/10.8) = (18.0/10.8) \times C_B \times 10^{-6}$$

$\sum_{aB}$ 及 $\sum_{aM}$ 可分别由其原子密度乘以硼、慢化剂（包括结构材料等）的热中子微观吸收截面而求得。

所以式（2-8）中的 $\sum_{aM}/\sum_{aB}$ 为

$$\sum_{aB}/\sum_{aM} = N_B \cdot \sigma_{aB}/N_W \cdot \sigma_{aW}$$
$$= (18.0/10.8) \times C_B \times 10^{-6} \times (759/0.66) = 1.92 \times C_B \times 10^{-3}$$

这样，式（2-8）变为

$$\rho_w = 1.92 \times 10^{-3}(1-f_0) \times C_B$$

根据反应性控制要求，所需硼浓度 C_B 为

$$C_B = \rho_w \times 10^3 /[1.92(1-f_0)]$$

这就是用于反应性控制的硼浓度计算公式。

例：设某压水堆在冷态无毒时 $f_0=0.930$，若需用水中充硼来控制 10% 的反应性，则硼浓度 C_B 应为 $C_B=10\% \times 10^3/[1.92(1-0.93)]=744$（mg/L）

第三节 硼酸及其水溶液的性质

硼是第三族元素，在地壳中占 0.005%，硼的天然化合物是硼酸盐矿和存在于某些湖泊

和温泉中的硼酸。

硼酸的化学式为 H_3BO_3 或 $B(OH)_3$（但它既不是三元酸也不是碱，而是一种很弱的酸），又称正硼酸，相对分子质量为 61.84。由水中重结晶出来的硼酸晶体呈透明鳞片状，密度 $1.46g/cm^3$，熔点 184℃，沸点 300℃。

将正硼酸加热到 100℃ 以上，它会失去一分子水而生成焦硼酸（$H_4B_2O_5$）。硼酸酐暴露在空气中会逐渐吸收水分而转变成正硼酸。硼酸与皮肤接触有滑腻感、无臭、味微酸苦后带甜、有毒。中毒的迹象是体重减轻，食欲不振，胃部发胀，有呕吐感，头部沉重和疼痛；硼酸的致死剂量为 4g。

一、硼酸水溶液的密度

稀硼酸水溶液的密度比纯水略大、随硼酸浓度增大而增大。如 15℃ 时质量分数浓度为 1%、2%、3% 的稀硼酸水溶液的密度分别为 1.0045、1.0103、$1.0165g/cm^3$。正因为 15℃ 时质量分数浓度为 1%（相当于 10g/L）的稀硼酸水溶液的密度为 $1.0045g/cm^3$、与除盐水的密度差小于除盐水密度的千分之五，加之压水堆冷却剂中硼浓度远小于 10g/L（一般为 0.1%~0.2%，也就是 1~2g/L）、其与水的密度差更小于除盐水密度的千分之五，所以前面推导用于反应性控制的硼浓度计算公式时说，把硼浓度单位 mg/L 的内涵由 1mg B/（kg 水溶液）改为 1mg B/（kg H_2O）引起的误差，在实际应用中可以忽略不计。

二、硼酸在水中的溶解度

硼酸可溶于水、醇及甘油。硼酸在水中的溶解度随温度升高明显增加，如 0、25、50、100℃ 时硼酸的溶解度分别为 2.7、5.43、10.32、27.53 g/（100g H_2O），到 171℃ 时与水完全互溶。实际应用时，压水堆一回路冷却剂的最高硼含量一般为 1~2g/L，室温时不会沉析，高于室温直至 300℃ 以上时更不会沉析，但浓硼酸制备及储存过程中的硼酸浓度较高（一般为 4% 或 12%）。4% 硼酸的结晶温度为 15℃，使用这样的硼酸一般无须对贮槽和管道特殊加热保温，但设备容量相对要大些；12% 硼酸的结晶温度为 50℃，应设法防止硼酸遇冷结晶而造成管道堵塞等事故，需将所有的管道及设备的温度保持在 50℃ 以上，这当然比较麻烦，但设备容量相对可以小些。

三、硼酸盐在水中的溶解度

因为压水堆含硼冷却剂中，需要加碱（我国主要是加氢氧化锂）提高其 pH 值，因而有可能生成偏硼酸锂（$LiBO_2$），因而担心偏硼酸锂具有负的溶解度温度系数而析出，于是考察偏硼酸锂的溶解度随温度变化的情况。虽然偏硼酸锂的溶解度随温度升高而减小，但即使在较高温度时其溶解度也远大于压水堆冷却剂中可能生成的偏硼酸锂的量，因为压水堆冷却剂中氢氧化锂的加入量一般不超过 3.5mg/L，而 125、150、180、200、225、245℃ 时无水偏硼酸锂的溶解度分别为 8.9%、8.75%、8.3%、7.9%、3.2%、2.85%。

有的压水堆冷却剂中可能加氨水和氢氧化钾提高冷却剂的 pH 值，因而也担心偏硼酸盐的析出，其实无须担心，因为钾和钠的偏硼酸盐的溶解度较之偏硼酸锂的大得多。

四、硼酸在水溶液中的电离平衡及硼酸水溶液的组成

硼酸溶于水后会在水中电离，硼酸在水溶液中的电离方程式包括

$$B(OH)_3 + 2H_2O \underset{}{\overset{k11}{\rightleftharpoons}} H_3O^+ + B(OH)_4^- \tag{2-9}$$

$$3B(OH)_3 \underset{}{\overset{k13}{\rightleftharpoons}} H_3O^+ + B_3O_3(OH)_4^- + H_2O \tag{2-10}$$

$$4B(OH)_3 \overset{k24}{\rightleftharpoons} 2H_3O^+ + B_4O_5(OH)_4^{2-} + H_2O \tag{2-11}$$

其中单硼酸根可和未离解的硼酸生成多硼酸根离子。

$$2B(OH)_3 + B(OH)_4^- \overset{k13'}{\rightleftharpoons} B_3O_3(OH)_4^- + 3H_2O \tag{2-12}$$

$$2B(OH)_3 + 2B(OH)_4^- \overset{k24'}{\rightleftharpoons} B_4O_5(OH)_4^{2-} + 5H_2O \tag{2-13}$$

在 25℃，H_3BO_3 为 0.025～0.60mol/L、$NaClO_4$ 为 3.0mol/L 的水溶液中，以上各电离平衡常数的负对数分别为 $pK_{11}=9.0\pm0.05$、$pK_{13}=6.84\pm0.10$、$pK_{24}=15.71\pm0.20$、$pK_{13}'=145$、$pK_{24}'=195$，表明硼酸水溶液的电离平衡常数都比较小，而且基本上随温度升高而减少。其中较大的电离平衡常数 k_{13} 是随温度升高而直线下降，k_{11} 是随温度升高先略有上升然后下降、下降速率较慢。

由于硼酸在水溶液中存在上述电离，所以硼酸水溶液中存在正硼酸分子 [H_3BO_3 或 $B(OH)_3$] 或单硼酸根离子 [$B(OH)_4^-$]、三硼酸根离子 [$B_3O_3(OH)_4^-$]、四硼酸根离子 [$B_4O_5(OH)_4^{2-}$]。在低硼溶液中仅有单硼酸分子和单硼酸根离子存在，在高硼浓度及少量碱存在的溶液中以单硼酸分子和三硼酸根离子为主。所以，在压水堆冷却剂中硼浓度和碱浓度范围内，四硼酸根离子基本上可以忽略。

五、硼酸在水溶液中的挥发性

如上所述，在压水堆一回路冷却剂中硼浓度和碱浓度范围内，冷却剂中存在 H_3BO_3 或 HBO_2、$B_3O_3(OH)_4^-$。由于压水堆一回路压力较高，气相中的硼酸成分主要是正硼酸。伯恩斯等测定了 0.1、0.5、1.3mol/L 纯硼酸水溶液及（0.5mol/L Li＋0.5mol/L B）、（0.4mol/L Li＋0.8mol/L B）、（0.4mol/L K＋0.5mol/L B）、（1.1mol/L K＋2.2mol/L B）碱性硼酸水溶液中硼酸的分配系数，发现：

（1）相同温度下纯硼酸溶液中硼酸的浓度越低硼酸的挥发性越大，但 100℃及以下硼酸的挥发性都较小，如 100℃时 0.1mol/L 硼酸水溶液的硼酸分配系数远小于 0.05；硼酸的挥发性随着温度升高而增大，但即使在 300℃时 0.1mol/L 硼酸水溶液的硼酸分配系数也只约 0.1。

（2）相同温度下碱性硼酸溶液中硼酸的挥发性也会随硼酸浓度降低而增大，但比相同浓度的纯硼酸溶液的更小，100℃及以下硼酸的挥发性也更小，如 100℃时（0.5mol/L Li＋0.5mol/L B）碱性硼酸水溶液的硼酸分配系数远小于 0.01；硼酸的挥发性随着温度升高而增大，但即使在 300℃时（0.5mol/L Li＋0.5mol/L B）碱性硼酸水溶液的硼酸分配系数也只比 0.01 大一些。

六、硼酸水溶液的电导率

相同温度下，纯硼酸水溶液的电导率随浓度升高而增大；硼酸浓度相同时，纯硼酸水溶液的电导率先随温度升高而增大、然后随温度继续升高而减小，超过 300℃后与常温时的差不多，相对于硼酸浓度而言都很低。如 0.25mol/L（约 15g/L）、0.5mol/L（约 30g/L）纯硼酸水溶液的电导率，常温下分别不超过 15、30μS/cm，300℃时分别不超过 15、20μS/cm，最高分别不超过 25、50μS/cm。在高温（300℃左右）下不同浓度纯硼酸水溶液的电导率差异变小（与常温下的电导率差异相比）。纯硼酸水溶液的电导率随温度升高先增大后减小的原因是，一方面温度升高，离子的运动速度加快，因而电导率增大；另一方面，硼酸水溶液中主要电离平衡的常数随温度升高而减少，因为随温度升高电离产生的离子减少了，电导率当然减小。温度不太高时，温度升高使离子运动速度加快对电导率的影响超过其使电离平衡常数减少对电导率的影响，这是电导率先随温度升高而增大的原因；温度较高时，温度升高使电离平衡常数减少对电导率的影响超过其使离子运动速度加快对电导率的影响，这是电导率后随温度升高而减小的原因。纯硼酸水溶液的电导率相对于硼酸浓度而言都很低的原因是，硼酸水溶液中各电离平衡的常数都很小，而且主要电离平衡的常数随温度升高而减小，电离产生的离子少。

如果在纯硼酸水溶液中加入碱（如氢氧化锂），即使是只加入少量，也会使硼酸水溶液的电导率明显变大。如在 0.25mol/L 纯硼酸水溶液中加入 0.0014mol/L（33.6mg/L）氢氧化锂，硼酸水溶液的电导率在常温下由不超过 $15\mu S/cm$ 变大到约 $500\mu S/cm$、在高温（300℃左右）下由不超过 $15\mu S/cm$ 变大到约 $1000\mu S/cm$。因为氢氧化锂是比较强的碱，在水中的电离平衡常数较大，电离产生的离子较多，因而氢氧根离子的浓度比硼酸根离子的大得多，而且氢氧根离子的迁移率也比硼酸根离子的大得多，所以纯硼酸溶液中加入氢氧化锂后电导率明显变大。可以说，硼酸对氢氧化锂-硼酸溶液的电导率影响很小，氢氧化锂-硼酸溶液的电导率几乎与同样浓度的纯氢氧化锂水溶液的相同。

七、硼酸水溶液的 pH 值

根据 k_w、k_{11}、k_{13} 的数据可求得硼酸水溶液的 pH 值，绘制成图 2-2。

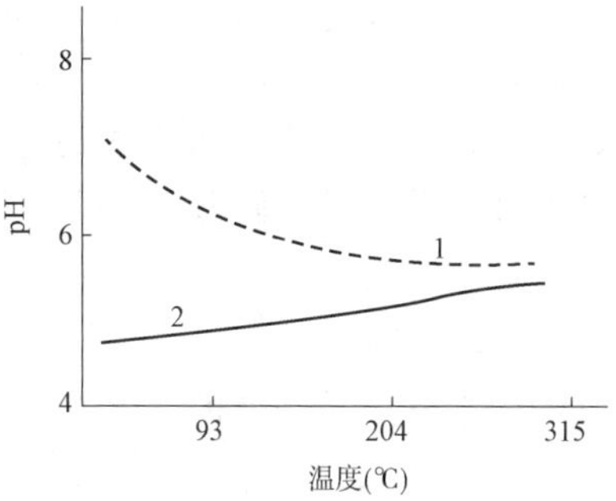

由图 2-2 可知，随着温度上升，纯水的 pH 值先下降然后略有上升，而纯硼酸溶液（浓度 1.5×10^3 mg/L 的硼）的 pH 值却上升，高温下两者的 pH 值非常接近。停堆换料时，一方面冷却剂温度降低，另一方面硼浓度增高，因而 pH 值比高温时低得多，可能对材料有腐蚀作用，应引起重视。

图 2-2 纯水和纯硼酸溶液的 pH 值
1—纯水；2—1.5×10^3 mg/L 的 B

八、硼酸水溶液的腐蚀性能

在压水堆运行条件下，硼酸水溶液对锆合金、不锈钢、镍基合金等材料的腐蚀无明显不良影响，在中性或弱碱性水中具有良好耐腐蚀性能的材料，在高温硼酸水溶液中的耐腐蚀性能也良好。

九、冷却剂中硼酸浓度的测定方法

常见的硼酸浓度测定方法包括物理方法和化学方法。

物理方法包括中子源法和密度法。中子源法是核电站常用的在线物理测定方法，其原理是利用^{10}B吸收中子的特性，测量^{10}B的浓度，再通过溶液中^{10}B与总硼酸浓度的关系换算得到硼酸浓度。密度法一般用于高浓度硼酸的测定，该测定方法的缺点是测量误差大，故一般不推荐该方法。

由于冷却剂中硼的浓度范围较宽，加之硼和锂共存，所以冷却剂中硼浓度测定的化学方法主要是滴定法，多采用甘露醇电位滴定法。该方法的测定原理是，甘露醇存在时，硼酸从弱酸转变为中等强度的酸，在等当点处 pH 值产生从 6.4~9.5 的突跃，从而可以使用酸碱指示剂来指示滴定终点；用氢氧化钠标准溶液直接滴定样品来确定硼的含量。该方法是相对比较精确的经典测量方法，通常可以把测量相对误差控制在很小的范围，但要注意避免氨、盐酸和二氧化碳的影响；多作为常规分析方法，包括手工滴定法和自动电位滴定法，其中自动电位滴定法可以用于实验室分析，也可以用于在线监测。

第三章　水及水质净化

压水堆核电站发电离不开水，但一回路冷却剂、二回路工作介质不能直接用淡水，更不能直接用海水，必须用除盐水，否则换热器管会结垢、汽轮机叶片会积盐、与水接触的金属表面会发生腐蚀甚至导致堆芯外放射性增大或泄漏等问题。因此必须了解水和进行水质净化。

第一节　水及水质概述

一、水的自然循环

地球的天然水多数存在于大气层、地面（包括土壤）、地底（包括地下水）、沼泽、水库、冰川、湖泊、河流和海洋中。水的自然循环是指水会通过一些物理作用，如蒸发、降水、渗透、表面的流动和地底流动等，由一个地方移动到另一个地方。例如地面、湖泊、河流和海洋中的水被太阳蒸发成为空气中的水蒸气，通过降雨落下来，并由河川流动至海洋。

二、水的特点

1. 水的分散作用

因为水分子是一种极性很强的分子，所以它对许多物质（包括金属）具有很强的分散能力，并与其形成分散体系。注意，水对物质的分散、电离能力很强，水的分散能力是任何其他物质都不能比拟的，多种物质不但在水中有很大的溶解度，而且有最大的电离度。水中分散的各种物质之间可以发生化学反应，水本身也很容易参与化学反应。

2. 水的缔合作用

分子的缔合作用指由简单分子结合成为较复杂的分子集团，而不引起物质化学性质改变的过程。水分子由于氢键的作用，分子间极容易发生缔合。高温时，水主要以单分子状态存在（水蒸气中水分子都是以单分子存在的）。温度降低，水的缔合作用增大，0℃时水结成冰（全部分子缔合在一起，成为一个巨大分子）。液态水中除含有简单分子 H_2O 外，同时还含有缔合分子 $(H_2O)_n$。

缔合是放热过程，解离是吸热过程。当水受热时，热量一方面消耗在水体温度升高上，另一方面消耗在缔合分子的解离上，因此水的热容量最大，是生产中冷却其他物体或者储存及传递热量的优良介质。

3. 水的导电作用

当水中没有任何杂质时，水中只有水分子 H_2O 及其电离出来的极少量的 H^+ 和 OH^-，因而水是一种弱电解质，但也具有导电能力。随着水中溶解电离的杂质离子增多，水的导电能力增大。

三、水中杂质及其来源

天然水在自然循环过程中，会与大气、土壤、岩石、各种矿物质、动植物等接触。由于水是一种很强的溶剂，极易与各种物质混杂，所以天然水中含有许多溶解性的和非溶解性的物质。

天然水中的杂质，指除水及其电离产生的极少量的 H^+ 和 OH^- 之外的水中各种物质（包括水生生物等），几乎包含了地壳中的大部分元素。

天然水中杂质的组成与水所处的环境、接触的物质组成及物理化学作用所进行的条件有关。例如流经石灰岩地区的天然水中富含 Ca^{2+} 和 HCO_3^-；当水透过土壤时溶解氧的含量减少、CO_2 的含量增多；生物排泄物和残体会增加水中的某些组分含量，生物呼吸作用影响水中气体的含量；河水流速快，与河床接触时间短，河水中离子含量一般较低；地下水流速缓慢，与周围岩石接触时间长，水中溶解物的含量比地表水高，但气体组成相对减少。

四、水中杂质的状态、组成和尺寸

天然水中的杂质，有的呈液态，有的呈气态，也有的呈小颗粒固态，大多以分子态、离子态、胶体或悬浮物质存在于水中，以分子态、离子态存在的杂质统称溶解物质。分子态杂质主要是 O_2、CO_2（是金属发生腐蚀的主要引起因素），可能有微量的 N_2、H_2S、CH_4、NH_3；离子态杂质中阳离子主要是 Na^+、K^+、Ca^{2+}、Mg^{2+}，阴离子主要是 Cl^-、SO_4^{2-}、HCO_3^-，可能有 NO_3^-、NO_2^-、PO_4^{3-}、HPO_4^{2-}、$H_2PO_4^-$ 等生物生成物离子，也可能有微量的 Br、F、I、Fe、Cu、Ni、Co、Ra 等元素的离子；胶体态杂质主要是铁、铝、硅的化合物［如 $SiO_2 \cdot nH_2O$、$Fe(OH)_3 \cdot nH_2O$、$Al_2O_3 \cdot nH_2O$］和动植物有机体的分解产物（蛋白质、脂肪、腐殖质等），往往是许多分子或离子的集合体；悬浮物质简称悬浮物，主要是硅铝酸盐颗粒、砂粒、黏土颗粒和微生物。

溶解物质是指颗粒直径小于 1nm 的微粒，是水流经地层过程中被溶解的一些矿物盐类（在水中几乎都被电离成为阴、阳离子）和水与大气接触中而溶解的某些气体分子。某些地区的地下水中还含有较多的 Fe^{2+} 和 Mn^{2+}。在盐碱地带，F^-、NO_3^-、CO_3^{2-} 的含量较高。

胶体是指颗粒直径大约为 1~100nm 的微粒。由于这种颗粒比表面积大，有明显的表面活性，表面上常常带有某些正电荷或负电荷离子而呈现出带电性。天然水体中的黏土颗粒，一般都带负电荷，而一些金属离子的氢氧化物带正电荷。因带相同电荷的胶体颗粒互相排斥，不能聚集，所以胶体颗粒在水中比较稳定，分布也比较均匀，难以用自然沉降的方法除去。

悬浮物颗粒直径在 100nm 以上，直至 1mm，按其直径大小和相对密度的不同，可分为漂浮的（如相对密度小于 1 的一些植物及腐烂体，称为漂浮物）、悬浮的（如相对密度近似等于 1 的一些动植物的微小碎片、纤维或死亡后的腐烂产物）和可沉降的（如相对密度大于 1 的一些黏土、砂粒之类的无机物，当水静止时沉于水底，称为可沉物）。悬浮物在水中很不稳定，分布也很不均匀，但尺寸较大，是一种比较容易除去的物质。

五、水质指标

水与杂质并非单纯的混合，而是会相互作用。

水质是指水和其中杂质共同表现的综合特性，由所含物质的数量和组成决定。

表示水中杂质的种类和数量的指标，称为水质指标。在水处理领域，水质指标可分为表示水中悬浮物及胶体的指标（如悬浮固体、浊度、透明度）、溶解物的指标（如含盐量、溶解固体、电导率）、有机物的指标（如化学需氧量、生化需氧量、灼烧减少固体、总有机碳）、酸或碱物质的指标（如碱度、酸度）及硬度、活性硅和非活性硅。水质指标的具体含义和水质指标间的关系，一般的水处理方面的书籍都有介绍，这里不再赘述。

第二节 常 规 水 质 净 化

本节内容包括除盐水的制备和凝结水精处理。除盐水的制备包括水的混凝、沉淀处理或澄清处理，水的过滤处理，水的离子交换处理、水的反渗透处理、核电站除盐水的制备工艺。其中核电站用除盐水的制备工艺主要有以下三种。

第一种：生产水→压力式过滤器（双滤料过滤器或细砂过滤器或多介质过滤器）→反渗透装置→阳离子交换器→阴离子交换器→混合离子交换器→加氨装置→WCD 除盐水箱。
→WND 除盐水箱。

第二种：生产水→叠片式过滤器→超滤装置→反渗透装置→阳离子交换器→阴离子交换器→混合离子交换器→加氨装置→WCD 除盐水箱。
→WND 除盐水箱。

第三种（全膜法）：生产水→叠片式过滤器→超滤装置→一级反渗透装置→二级反渗透装置→电除盐（electrodeionization，EDI）装置。

需要注意以下事项：

（1）生产除盐水的生产水是清水，清水的生产工艺为原水（淡水）→混合反应沉淀池→Ⅴ型滤池→活性炭滤池→生产清水池→生产供水泵→生产水系统。
→生活清水池→生活供水泵→生活水系统。

以前国内核电站生产水系统不加氯，现在有的核电项目改为投加 0.5mg/L 的氯；生活水系统一般投加 2mg/L 的氯。氯一般投加至清水池，有的投加液氯，也有的投加次氯酸钠。

（2）生产的除盐水提供给核岛除盐水分配系统（nuclear island demineralized water distribution system，WND）、常规岛除盐水分配系统（conventional island demineralized water distribution system，WCD）。WND 除盐水箱、WND 除盐水泵、WCD 除盐水箱、WCD 除盐水泵布置在除盐水生产厂房。

核岛除盐水分配系统（WND）中一般是中性除盐水，pH（25℃）7.0±0.5；常规岛除盐水分配系统（WCD）中一般是加氨提高了 pH 值的碱性除盐水，pH（25℃）8.5～9.0。其中 AP1000（AP 是大型先进压水堆的英文 advanced pressurized water reactor 的缩写）、水 - 水高能反应堆（water - water energetic reactor，VVER）只需要中性除盐水，没有加氨；华龙需要碱性除盐水，以前加氨都是加液氨，现在基本都改为加氨水，是外购的 25% 氨水。

（3）核电站的除盐水生产系统基本上都采用了反渗透装置进行预脱盐。目前应该只有大亚湾核电站生产除盐水没有采用反渗透预除盐，是直接采用离子交换树脂除盐；海南昌江核电站的淡水（原水）含盐量比较低（不到 100mg/L），但也采用了反渗透预除盐。

（4）EDI 装置因为发生过爆炸事件，目前核电站一直未采用，但核化工有业主做技术改造时采用了 EDI 装置，后续核电项目会不会推广不确定；做得比较好的品牌都是五眼联盟国家的，采购受限；全膜法布置比较集中，如果采用集装箱模式，很适用。

关于水的混凝、沉淀、澄清、过滤处理和水的离子交换处理、水的反渗透处理及凝结水精处理，一般的水处理方面的书籍都有介绍，这里不再赘述。需要注意的是，凝结水精处理和凝结水处理的内涵不一样。凝结水处理是指对做完功的蒸汽冷凝水所进行的处理，除了对凝结水进行精处理外，还可能在精处理出口进行加氨提高 pH 值和加联氨除氧处理。压水堆核电机组二回路给水主要由汽轮机凝结水和化学补给水组成。由于凝结水的水量占给水总量的绝大部分，而化学补给水水质一般都很好，所以，给水的质量主要取决于凝结水水质。控制好凝结水水质，能更好地保证给水水质。

第三节　放射性废水及其水质净化

一、核电站放射性废水

压水堆核电机组在运行和停运过程中会形成下述放射性活度不同的废水。

放射性活度是放射性核素在单位时间（dt）内发生核衰变的原子核数目（dN），即：$A=-dN/dt=\lambda N=\lambda N_0 e^{-\lambda t}$，单位为贝可勒尔（Bq），$1Bq=1s^{-1}$。以前放射性活度曾以居里（Ci）为单位，1Ci 相当于 1g 镭与它的子系氡在平衡时的放射性，$1Ci=2.7\times10^{10}$ Bq。实际上某种核素的放射源不可能全部是该种核素，还有其他物质混在一起。为了反映放射性物质的纯度，人们引入放射性比活度（Specific activity，用 A' 表示），它的定义是放射性活度与放射性物质总质量之比，即 $A'=A/m$。A' 越大，放射性物质的纯度越高。例如 1g 纯的 ^{60}Co 的放射性活度约为 1200Ci，目前所生产的 ^{60}Co 源的放射性比活度最高可达 700Ci/g。反过来说，通过放射性比活度可以检测放射性物质的纯度。

（一）主设备和辅助设备排空时的排放水

压水堆核电机组一回路主设备排空时，排放水中除有溶解盐外，可能含有较大量的放射性核素。在反应堆堆芯燃料元件包壳严密性遭到破坏时，排放水的放射性比活度可高达 $10^8\sim10^9$ Bq/kg，在正常情况下为 $10^5\sim10^6$ Bq/kg。腐蚀产物的含量在排放水中所占的比例不大，因为现代反应堆回路结构材料的耐腐蚀性能相当好，加之在工作期间沉积的腐蚀产物在排空时只有少量进入到排放水中。

压水堆核电机组的蒸汽发生器排空时，排放水中的主要污染物是腐蚀产物和溶解盐类，其放射性比活度甚低。

辅助设备排放水的放射性比活度也较低，一般在 $10\sim10^3$ Bq/kg 范围内。排放水中的主要杂质是腐蚀产物和化学添加剂。

在各种类型的核电机组中都设有核燃料储存池，其作用是在反应堆换料后，储存卸出的核燃料。核燃料在池中储存半年，待它冷却到一定程度后，再送往燃料后处理厂处理。核燃料储存池池水的放射性活度主要取决于卸出的核燃料元件包壳的严密性，当然也与活化腐蚀产物量有关。当元件包壳的严密性遭到破坏时，池水的放射性比活度可达 $10^4\sim10^5$ Bq/kg。

（二）泄漏水

在核电机组运行过程中，因管道法兰接头、设备填料不严密，冷却剂可能从反应堆回路泄漏到生产现场，污染环境。为避免出现这种情况，核电站应尽最大可能将泄漏水引入由管道和水箱组成的封闭系统中去，这种泄漏水称为有组织的泄漏水。属于此类泄漏水的有：设备、管道排水系统的溢流，通风装置、取样装置和监测系统的溢流。此外，某些工艺排放水也输送到有组织的泄漏水系统。一台 900MW 的压水堆核电机组，有组织的泄漏水量约为 2×10^5 m³/a。

由工艺设备泄漏到生产现场地面的水，称为无组织的泄漏水。通常，将这种排水收集到排水槽系统中。所有可能发生放射性水泄漏的生产现场和实验室，都设有排水槽。

（三）清洗废液和冲洗水

在对主设备和某些部件用水溶液除放射性时，会形成一定数量的放射性清洗废液。清洗废液的化学组成取决于除放射性时所采用的化学药剂；清洗废液的放射性活度取决于回路的结构材料、反应堆水化学工况和设备的工作时间。

对与放射性冷却剂相接触的或与放射性废水处理有关的车间的地面和墙壁进行除放射性处理时，会形成一定量的放射性冲洗废水。一般用除盐水作为冲洗水，所以冲洗废水的含盐量不高，放射性比活度约为 $10^5\,Bq/kg$。

（四）专用洗涤水和淋浴水

专用洗涤水是在清洗专用服装、擦洗工艺设备用的擦布和其他专用品时形成的，它含有大量的洗涤剂（大于 $10g/L$）。专用洗涤水的放射性主要来自生产车间空气中的放射性气溶胶和设备表面的放射性灰尘。放射性气溶胶指的是在空气中处于悬浮状态的气体放射性核素微粒。例如，压水堆核电机组运行时，铯、碘和钼等都会以气溶胶形态存在于空气中。在反应堆检修期间，专用洗涤水的放射性比活度可达 $10^3\,Bq/kg$，而在正常运行期间该值要低得多，一般不超过排放允许值。专用洗涤水的流量在大容量核电站中约为 $(20\sim30)\times10^3\,m^3/a$。

淋浴水的放射性很少超过平均允许值，所以可将淋浴水不经任何处理就排放到厂区生活污水系统。

（五）离子交换树脂的再生废液和清洗水

离子交换树脂失效后，根据经济技术比较决定是否进行再生。树脂再生时会产生再生废液和清洗水。树脂再生废液的放射性比活度平均在 $10^6\,Bq/kg$ 左右。

在核电站设有液体废渣储存池，用于储存诸如放射性水净化装置的失效过滤材料和离子交换树脂。当在储存池内将水与固体材料分离时，就有一定数量的废液形成，它的放射性比活度约为 $10^5\,Bq/kg$。此外，经过一段时间后，储存池内的积水要排放。积水具有很高的含盐量，放射性比活度在 $10^4\sim10^8\,Bq/kg$ 范围内。

（六）反应堆排水

在反应堆运行和检修过程中，由于种种原因总要排出一部分含放射性的冷却剂。反应堆的这种正常排水是由以下几个原因引起的（以压水堆为例）。

（1）反应堆启堆和停堆时，要相应地改变冷却剂中硼的浓度以调节启停堆时的反应性。例如在启堆时，一定要维持较低的硼浓度以提高反应性，为此可通过注入补给水来降低硼浓度，与此同时相应地从反应堆排放相同数量的冷却剂。

此外，反应堆启堆时，随冷却剂温度升高，冷却剂体积有所膨胀，为此相应地也要排放一定量的冷却剂。

（2）压水堆负荷变化是通过调节冷却剂硼浓度来实现的，为此相应地要排放一部分冷却剂。如果负荷变化频繁，则由此引起的冷却剂排放量是相当可观的。

（3）反应堆换料或检修排水。

（4）主回路系统压力超过允许值时，稳压器泄压阀自动打开，蒸汽排入泄压水箱冷凝成水，最后排入排水储存槽。

（七）二回路的放射性废水

二回路蒸汽的放射性活度，取决于一回路冷却剂经蒸汽发生器管束的不严密处漏入的量和二回路蒸汽的湿分。当蒸汽发生器的管束处于高严密状态、冷却剂的放射性比活度约为 10^5 Bq/kg、二回路蒸汽湿分不大于 0.5% 时，二回路蒸汽的放射性比活度不超过 3×10^{-2} Bq/kg，这时可以认为二回路的蒸汽凝结水基本上没有放射性。

蒸汽发生器的排污水是构成二回路放射性废水的重要根源，为避免排污水放射性核素对周围水源的污染，排污水的放射性比活度应控制在 10^{-2} Bq/kg 左右。

总之，放射性废水的组成复杂，组分浓度变化和水量变化幅度较大，而且这种变化与核电站反应堆类型、核电站的管理水平以及水化学工况等有关。因此，如何进行放射性废水的处理，是核电站的一项较为复杂而重要的任务。

二、与放射性有关的水质净化方法

常用的放射性水净化处理方法有化学沉淀处理、过滤、离子交换、蒸馏、电渗析和反渗透等。

在选择核电站放射性水的净化处理方法时，必须考虑放射性杂质在水中的状态。根据放射性杂质的分散度，可将其分为四类。第一类是不溶于水的悬浮物，例如结构材料的腐蚀产物和吸附在悬浮颗粒上的放射性核素；第二类是胶体物质；第三类是分子态物质；第四类是离子态物质。一般采用"净化率"和"净化系数"表示净化处理的效果。

净化率是指水的初始放射性活度 A_0 和最终放射性活度 A_L 之差与初始放射性活度 A_0 的比值，用 P 表示，$P = (A_0 - A_L)/A_0 \times 100$（%）。

净化系数又称去污因子，是指处理前后水中放射性活度的比值，用 DF 表示，$DF = A_0/A_L$。

（一）化学沉淀处理

处理核电站的低放射性水，常用化学沉淀处理法，如铝盐或铁盐混凝沉淀处理、石灰-苏打软化沉淀处理和磷酸盐沉淀处理。

1. 混凝沉淀处理

混凝沉淀处理能有效处理低放射性水，但由于低放射性水中放射性核素的浓度低，其氢氧化物、碳酸盐以及磷酸盐等化合物的浓度比它们的溶解度小得多，需要通过共沉淀来实现。共沉淀是指用混凝剂水解形成的氢氧化物或晶体沉淀物捕集微量放射性核素的过程，是一个较复杂的过程。对微量放射性核素被捕集的机理，有的认为是吸附作用的结果，有的认为是微量放射性核素在一定 pH 值下与混凝剂水解形成的氢氧化物之间的离子交换过程。例如，苏联的拉弗鲁希娜在研究用混凝剂水解产物除 ^{210}Bi 和 ^{144}Ce 时，提出如下假设：这两种放射性核素在碱性介质中形成胶体颗粒，随后被混凝剂水解产物吸附而共沉淀。综合微量放射性核素与混凝剂水解产物共沉淀的不同观点，可以认为，共沉淀的关键是微量放射性核素在介质中存在的形态。

现就影响铝盐或铁盐混凝沉淀处理效果的因素说明如下。

（1）介质 pH 值对净化率的影响。因放射性水中存在多种放射性核素，且它们在水中的形态与 pH 值有关，故混凝沉淀处理时必须考虑水的最佳 pH 值。

氢氧化铝对 ^{133}Cs、^{89}Sr、^{90}Sr、^{144}Ce 和 ^{106}Ru 具有最大吸附的最佳 pH 值不同。例如，氢氧化铝对 ^{90}Sr 的最大吸附量发生在 pH=9.0，而对 ^{144}Ce 的在 pH=7.3，对 ^{106}Ru 的在 pH=

7.0。用铝盐除[90]Sr，当水的 pH 值为 7.1～7.5 时，[90]Sr 的净化率为 8%～13%；当 pH=9 时，其净化率达到最大值，有人认为这是因为在 pH=9 时，氢氧化铝解离、形成的氢氧化铝胶粒带负电，[90]Sr 被强烈吸附，形成了难溶的偏铝酸锶 Sr(AlO$_2$)$_2$。

在 pH 值大于 8.5 时，氢氧化铝也可能水解形成络合阴离子 [Al(OH)$_4$(H$_2$O)$_2$]$^-$，其混凝效果较差，形成的凝絮体量也小。在这种条件下，某些放射性核素的净化率下降。

（2）放射性核素的价数。原哈尔滨建筑工程学院（现哈尔滨建筑大学）的研究证实，铝盐混凝沉淀处理的净化率与放射性核素的价数有关，其规律是：放射性核素的价数越高，净化率越高；同价的放射性核素，其原子量越大，净化率就越高。原因可能是在最佳 pH 值条件下，放射性核素在水溶液中的状态及其化学性质与铝盐水解产物的形态及其化学性质相近似。高价放射性核素在水中会形成不同形态的水解产物，它们与铝盐的水解产物发生羟基桥联，形成多种形态的多聚体，最终形成混合氢氧化物沉淀物。例如，三价的 Ce 在水中形成的羟基水合离子 [Ce(OH)(H$_2$O)$_5$]$^{2+}$，能与铝盐的水解产物 [Al(OH)(H$_2$O)$_5$]$^{2+}$ 发生羟基桥联，形成如下的混合二聚体。

二价或一价放射性核素，因其电荷较低，极化能力较低和溶解度较大，不能形成羟基水合离子，因而不能与羟基铝离子桥联，在水中多是以裸露的离子状态存在。这种裸露的离子被羟基铝离子或铝的氢氧化物吸着的可能性很小。这就是二价或一价放射性核素在铝盐混凝沉淀处理中的净化率低于三价或三价以上放射性核素的原因。

（3）pH 调节剂和混凝剂投加量。在混凝沉淀处理中，有时需要投加一定量的碱性物质来调节水溶液的 pH 值。常用的 pH 调节剂有 NaOH、Ca(OH)$_2$ 和 Na$_2$CO$_3$ 等。

用 NaOH 碱化，且 pH=8.0 时，铝盐混凝沉淀处理能除去约 80% 的 [144]Ce；而采用 Na$_2$CO$_3$ 碱化，其净化率可提高到 94%，若同时增大混凝剂投加量（增大到 100mg/L），净化率还可能有所提高。用铝盐混凝剂处理含 [131]I 的放射性水时，用 NaOH 和 Na$_2$CO$_3$ 碱化，且 pH 控制在 8 左右，净化率分别为 15% 和 25%。加 Na$_2$CO$_3$ 比加 NaOH 的净化率高，原因可能是某些放射性核素碳酸盐的溶解度低于其氢氧化物的溶解度。

同样，用铁盐混凝剂处理某些放射性核素时，投加 Na$_2$CO$_3$ 的净化率也高于投加 NaOH 的。

用铝盐或铁盐混凝沉淀处理放射性水时，混凝剂投加量高于发电厂制备除盐水过程中混凝沉淀处理时的投加量。

为提高混凝沉淀处理的净化率，除应控制上述影响因素外，还可考虑采取以下措施。

1）分步混凝沉淀处理。分步混凝沉淀处理是指将所需的混凝剂剂量分步加入水中。在分步混凝沉淀过程中，水中放射性核素的浓度将逐步减少，因而混凝剂水解产物对其相对吸附量增加，结果是总的净化率得到提高。柴拉德维 1971 年的试验结果表明，两步混凝沉淀法与一步法相比，在相同的硫酸铁剂量条件下，水的净化率按 α 放射性计提高 12～20 倍，按 β 放射性计提高 2～5 倍。

2）投加辅助剂，强化混凝沉淀过程。目前用得较多的辅助剂有吸附剂和絮凝剂。在混凝沉淀处理过程中，同时加入黏土和活性炭两种辅助剂，可提高净化率。如活性炭对某些放射性核素（^{137}Cs 和 ^{90}Sr）的吸附能力甚低，添加黏土能有效捕集 ^{90}Sr 和 ^{137}Cs，从而提高净化率。在用铝盐或铁盐混凝剂处理含 ^{131}I 的放射性水时，其净化率甚低；但若加入适量的活性炭和黏土或黏土和硫酸铜等辅助剂，净化率可分别提高到 68% 和 38%。需指出的是，在加黏土辅助剂时，应充分注意水溶液的均匀搅拌速度对净化率的影响。加快搅拌速度，有利于提高颗粒的接触面积。例如，将先快速搅拌 5min、后慢速搅拌 5min 的方式改为只快速搅拌 30min，除 ^{144}Ce 的净化率由原来的 25% 提高到 92%。

活性炭对某些放射性核素（如 ^{131}I）的吸附能力与水的 pH 值有关，随着 pH 值增大，吸附量减少。活性炭颗粒大小也影响吸附效果，较小的颗粒有较大的吸附率。例如活性炭颗粒为 0.25mm～0.5mm 时，对 ^{131}I 的净化率为 70%，而颗粒为 0.1mm 时，净化率则提高到 88%。颗粒直径减小、净化率增大的原因是颗粒总的吸附表面积增大了。

在相同的投加量和颗粒直径条件下，延长放射性水与吸附剂之间的接触时间，也有利于提高净化率。例如，接触时间从 30min 延长到 90min，净化率提高 5%～7%。

2. 石灰-苏打软化沉淀法

如上所述，混凝沉淀法不能有效去除水中离子态 Sr 和不易与铝盐或铁盐形成难溶化合物的放射性核素。

石灰-苏打软化沉淀法能有效除 Sr。石灰-苏打软化沉淀法的原理是：水中的碳酸盐硬度通过投加石灰软化为相应的 $CaCO_3$ 和 $Mg(OH)_2$ 沉淀物被除去，而水中的非碳酸盐硬度通过加入 Na_2CO_3 被除去，反应式为

$$CaSO_4 + Na_2CO_3 \longrightarrow CaCO_3 \downarrow + Na_2SO_4$$
$$MgSO_4 + Na_2CO_3 \rightarrow MgCO_3 + Na_2SO_4$$
$$CaCl_2 + Na_2CO_3 \rightarrow CaCO_3 \downarrow + 2NaCl$$
$$MgCl_2 + Na_2CO_3 \rightarrow MgCO_3 + 2NaCl$$

在 pH>10.5 的条件下，反应生成物 $MgCO_3$ 转化为 $Mg(OH)_2$ 沉淀物。

向含 Sr 的放射性水中投加石灰和苏打后，水中会形成一定数量的 $CaCO_3$ 和 $Mg(OH)_2$ 沉淀物，$CaCO_3$ 能与水中溶解状的 Sr 相作用，发生共沉淀。共沉淀的原因多是由于共结晶和结晶沉渣的吸附作用。

Sr 与 $CaCO_3$ 的共结晶现象，可分为三种类型。

第一种类型：两种组分（即微观组分和宏观组分）在结合过程中形成混合晶体。Sr 离子均匀地进入碳酸钙晶体中，形成 $CaCO_3$ 与 $SrCO_3$ 的混合晶体。微观组分（Sr）均匀分配在 $CaCO_3$ 晶体中，有利于混合晶体的形成。影响 Sr 均匀分配的因素有：在含有微观组分 Sr 的 $CaCO_3$ 饱和溶液中，$CaCO_3$ 多次再结晶以及溶液的强烈均匀搅拌。

第二种类型：因晶体沉淀物有缺陷，微观组分被吸留在晶体表面。

第三种类型：微观组分被新形成的 $CaCO_3$ 晶体表面所吸附，吸附程度与 $CaCO_3$ 晶体表面积大小有关。因此，这种共沉淀在形成的 $CaCO_3$ 固相沉淀物有巨大的表面积时，可能对除 Sr 具有重要作用。因放射性核素在溶液中的形态不同，其在晶体上的吸附可能是离子吸附，也可能是分子吸附。

现就影响石灰-苏打软化沉淀法除锶率的因素简述如下。

（1）硬度。除锶率与石灰-苏打软化沉淀处理时的硬度除去率成正比。美国国立橡树岭

研究所的低放射性水石灰 - 苏打软化处理站的运行实践证实了这一结论，图 3 - 1 为除锶率与处理后水中剩余钙量的关系。

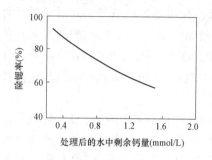

图 3 - 1　除锶率与处理后
水中剩余钙量的关系

（2）利用 $CaCO_3$ 晶体提高除锶率。在软化过程中适当加入已形成的 $CaCO_3$ 晶体，即将沉淀出的 $CaCO_3$ 晶体回流循环使用，有利于提高石灰 - 苏打软化法的净化率，因为它们可以起到晶种的作用，促进新的 $CaCO_3$ 晶体形成。

（3）温度。石灰 - 苏打软化法的除锶率与温度有关，在高温条件下，除锶率有较大幅度的提高。例如，室温下且 pH＝9.8～10.2 时，除锶率为 50％；而加热条件下，除锶率可达 95％。

（4）石灰和苏打投加量。为获得较高的净化率，应向水中投加过剩的石灰和苏打量。例如，当投加量比化学计算量大 20mg/L 时，除锶率由 75％提高到 77％，而当投加超过量为 300mg/L 时，除锶率可达 99.7％。

（5）接触时间和 pH 值。石灰 - 苏打软化法的除锶率与 pH 值以及接触时间有关。图 3 - 2 所示为除锶率与 pH 值的关系。在软化沉淀处理过程中，大部分锶的除去发生在 30min 内，若过多地延长接触时间，例如将接触时间延长到 5h，除锶率的提高则很有限。

石灰 - 苏打软化法能同样有效除去水中的锆和铌等放射性同位素，但无法除去水中的 ^{131}I。

为提高石灰 - 苏打软化法的净化率，常将此法与混凝沉淀法以及投加吸附剂等方法联合使用。石灰 - 苏打 - 混凝联合处理能有效除去水中绝大多数放射性核素。

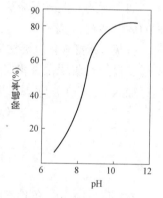

图 3 - 2　除锶率与
pH 值的关系

3. 磷酸盐沉淀法

采用磷酸盐沉淀法处理低放射性水的依据是，磷酸盐的溶解度远小于绝大多数氢氧化物的溶解度，所以很易形成沉淀物。

磷酸盐沉淀法的原理是被除去的放射性核素与磷酸盐共沉淀。采用磷酸盐沉淀法处理低放射性水的过程是：首先用碱性物质（石灰）将水的 pH 值调到 9.5～10.0，然后加入过量的磷酸三钠（Na_3PO_4），同时进行适当的搅拌，使初期形成的磷酸钙颗粒迅速长大。形成的磷酸钙能捕获水中大部分放射性核素，然后共沉淀。处理放射性水平较高的水时，应将水的 pH 值调到 10.5，然后加入过量的 Na_3PO_4。

磷酸盐沉淀法能有效除去铈、锆和铌等放射性核素，除锶的效率也较高。

磷酸盐沉淀法可采用不同的加药配方，常用的配方有 $Na_3PO_4＋Ca(OH)_2$、$Ca(OH)_2＋Na_3PO_4＋Fe_2(SO_4)_3$、$Na_3PO_4＋Al_2(SO_4)_3$、$Na_3PO_4＋CaCl_2$ 等，也有用 KH_2PO_4 代替 Na_3PO_4 的。

为获得较高的净化率，特别是除锶的较高净化率，处理时必须控制较高的 pH 值和较大的磷酸盐剂量。图 3 - 3 和图 3 - 4 所示为除锶率与投配比（PO_4^{3-}/Ca^{2+}）和 pH 值的关系。

由图 3 - 4 可知，在一定的 pH 值下，除锶率先随 PO_4^{3-}/Ca^{2+} 比值的增大而明显增加，随后有一转折点（对应的 PO_4^{3-}/Ca^{2+} 比值为 2.2）；PO_4^{3-}/Ca^{2+} 比值再高于转折点对应的比值时，除锶率增加甚微。

在用磷酸盐沉淀法处理低放射性水时，混合液中 Ca^{2+} 的量对净化率有较大影响。在 PO_4^{3-} / Ca^{2+} 比值为 3.1 时，Ca^{2+} 的投加量最好为 300mg/L，再控制 pH 值在 $10.2 \sim 10.4$，除锶率可达 99%。

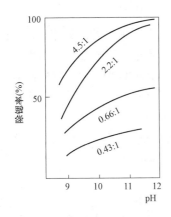

图 3-3 不同投配比（PO_4^{3-}/Ca^{2+}）
时除锶率与 pH 值的关系

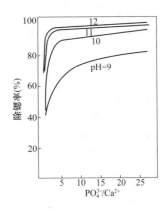

图 3-4 不同 pH 值时投配比
（PO_4^{3-}/Ca^{2+}）与除锶率的关系

处理过程中各种药剂的投加次序对不同放射性核素的净化率有一定影响。例如，若以除锶为主采用磷酸盐沉淀法，且采用 $Al_2(SO_4)_3 + Na_3PO_4$ 配方，则必须采用先加 Na_3PO_4 后加 $Al_2(SO_4)_3$ 的次序。这种加药次序的除锶率高于先加 $Al_2(SO_4)_3$ 后加 Na_3PO_4 的，其原因可能是后一种加药次序使 $Al_2(SO_4)_3$ 部分地形成氢氧化铝，磷酸铝的形成量相应减少，从而影响除锶率。

虽然磷酸盐沉淀法能有效处理低放射性水，但也存在以下一些缺点。

（1）只有严格控制 PO_4^{3-}/Ca^{2+} 比值等于 2.2 和 pH 值为 10.5 左右，才能取得较高的净化率，这在现场不易实现。

（2）处理过程中形成的沉淀物颗粒细小，沉淀速度较慢，因此一旦水力条件有所恶化，易导致出水中放射性核素含量增大。

（3）为获得较高的净化率，水中必须维持较高的过量磷酸盐，这就使此法的成本增高。此外，磷酸盐为水中微生物生长提供了良好营养，促使微生物较快生长，有堵塞设备管道的可能性。

（4）磷酸盐沉淀法除铯率低（一般在 15%），这可能是因为形成的磷酸铯的溶解度较大。

上述几种沉淀法，都在沉淀池或澄清池内进行，其设备结构和运行原理与制备除盐水时的基本相同。

4. 泥渣处理

与沉淀法相关的一个重要问题是如何处置沉淀过程中形成的大量泥渣，因为这些泥渣含有放射性水中的各种放射性核素，且由于浓缩，其放射性比原来要高得多（高出几十倍，甚至几百倍）。因此，这些泥渣排入周围环境前必须加以处理。处理的方法有脱水浓缩和固化处理，现就这两种方法作一简介。

（1）脱水浓缩法。常用的脱水浓缩法有蒸发、过滤和冻结-融化-过滤等。

1）蒸发：最简易可行的是日光蒸发浓缩法。澳大利亚卢卡斯高地核研究所采用日光蒸发法处理低放射性水沉淀处理中形成的泥渣，获得了满意的结果。日光蒸发法的处理效果与所在地的气象条件有很大关系，最主要的是年平均蒸发量［体积/（单位面积•年）］这一参数。影响年平均蒸发量的主要因素是平均日照时数。年平均蒸发量对蒸发池的设计具有决定性影响。在泥渣量恒定的情况下，蒸发池的面积与年平均蒸发量成反比。

日光蒸发法的工艺过程为：当蒸发池中泥渣蒸发到呈密实不流动的泥状体时，用长柄多刃刀将泥状体切割成许多有规则的小块（7.5cm×7.5cm），以利于进一步蒸发；当泥渣进一步蒸发浓缩到固体含量达 23%～33% 时，蒸发过程可以认为已结束，此时可用铲将泥块取出装入桶中。蒸发池周围环境的检测表明，未发现周围大气有明显的放射性污染。日光蒸发法只适用于年平均蒸发量不小于 750mm 的地区和低放射性泥渣。

2）过滤：目前过滤浓缩常作为固化处理的前期处理。处理放射性泥渣的过滤设备应满足以下几个基本要求：不易堵塞，滤出水的放射性和固体含量应尽可能小，浓缩产品的含水量应很低。常用的过滤方法有自然过滤和压力式过滤。

自然过滤（又称重力式过滤）采用砂作为滤料。处理时，用泥浆泵将泥渣送入过滤器。处理结束时，将滤床上的浓缩泥渣取出，装入无屏蔽的钢桶中或进一步固化处理。据英国哈威尔研究所以重力式过滤池处理低放射性水沉淀处理中所形成泥渣的经验，处理后泥渣体积减小到 1/4，固体含量为 12%～15%（处理前的固体含量为 3%～3.5%）。

压力式过滤能有效处理中等放射性水平的泥渣。在过滤过程中，泥渣中的水在压力下通过过滤元件，经排水装置排出，泥渣则被过滤元件截留聚积成饼（称为滤饼）。当过滤器压降增大到某一允许值时，停止运行，然后用适当压力的压缩空气将剩余的湿泥渣排出，以保持滤饼留在过滤元件上。待湿泥渣排出后，继续通压缩空气直到滤饼干燥。最后，改变压缩空气流向将滤饼吹落。经压力式过滤后，泥渣的固体含量达 20%～22%。

3）冻结-融化-过滤：单独过滤的缺点是泥渣脱水率不够理想，这主要是因为泥渣具有胶体结构。若能将胶体结构破坏掉，并使泥渣的形状转变成可见的粒状物质，则泥渣的脱水率将会得到较大程度的提高。冻结-融化-过滤联合处理法能达到此目的。在联合处理过程中应注意两个问题：一是尽可能地获得较大颗粒的晶体，为此泥渣应在 -20℃ 下缓慢地完全冻结；二是冻结泥渣应在融化后 8h 内过滤完毕，过滤可以高速进行。图 3-5 为经冻结-融化处理过的泥渣和原泥渣的过滤曲线。经冻结-融化-过滤联合处理后，泥渣的固体含量为 30%～40%。

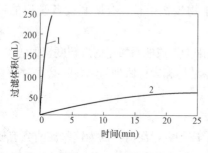

图 3-5　过滤曲线

1—冻结-融化泥渣；2—原状泥渣

（2）固化处理法。固化处理法包括沥青固化法和水泥固化法。

1）沥青固化法：沥青固化法是将放射性泥渣分散到热沥青或冷的乳化沥青中，加热除去水分，然后把脱水产品装入金属桶内以便埋藏。沥青固化法可用来处理放射性范围很广的泥渣和其他放射性废渣。

按沥青固化时采用的工艺，沥青固化法可分为三种。

第一种：在 160～230℃ 温度下，将泥渣与沥青混合，同时蒸发掉水分。

第二种：在常温下将放射性泥渣和乳化沥青（在沥青中加入溶剂使其液化而得）混合，然后对混合物加热，蒸发掉水分和高度挥发的有机组分。

第三种：将放射性泥渣、表面活性剂和温度较低的沥青混合，然后分离出水分。

2）水泥固化法：水泥固化法是将放射性泥渣和水泥以一定的比例在常温下混合，然后把混合物灌入预制的容器中，令其自然固化。水泥固化法限于处理放射性水平较低的泥渣和其他放射性废渣，因为水泥块会随时间的延长而丧失其稳定性，并易浸出其中的放射性。

两种固化法的结果是，沥青固化后的混合物体积大为减小，而水泥固化后的混合物体积并没有减小。

（二）过滤处理

核电站中过滤主要用于两方面：一是在混凝沉淀处理后，设置过滤器以进一步降低水中残留的悬浮物，满足后一步处理（如离子交换、膜分离等工艺）的要求；二是除去放射性水中，特别是冷却剂中的腐蚀产物。在一部分核电站的放射性水处理系统中，离子交换装置后也设置过滤器，以除去水中破碎的离子交换树脂。

在核电站运行过程中，反应堆回路结构材料在含氧的高温水或蒸汽作用下，其腐蚀产物主要是尖晶石型氧化物，是带有磁性的难溶物质，呈黑色且坚硬，大部分与结构材料表面相结合，只有小部分转入冷却剂中。但如果冷却剂水质控制不当，则冷却剂中腐蚀产物含量明显增多。试验数据表明，冷却剂中腐蚀产物的粒径，约80%大于$5\mu m$，小于$2\mu m$的极少。此外，冷却剂中腐蚀产物因受中子作用而具有放射性。

能有效去除冷却剂中腐蚀产物的过滤装置有电磁过滤器和微孔过滤器。

1. 电磁过滤器

要有效、快速地去除冷却剂中的腐蚀产物，十分重要的条件是过滤装置单位时间内除去腐蚀产物的量应大于反应堆回路中单位时间内腐蚀产物的沉积量。这意味着，过滤装置处理冷却剂的流量应控制在一适当范围内。国外的经验表明，过滤装置的流量应不小于冷却剂流量的1%。一台大型压水堆的冷却剂流量为$(5\sim10)\times10^4 m^3/h$，这样，一台过滤装置的流量在$500\sim1000 m^3/h$范围内。此外，冷却剂的温度也较高，因此一般水处理中常用的过滤装置难以适用。瑞士某压水堆核电站一回路采用电磁过滤器的运行经验证实，电磁过滤器具有良好的除腐蚀产物效果。

电磁过滤器是利用电磁感应产生的磁场除去冷却剂中铁磁性和顺磁性腐蚀产物，因为冷却剂中腐蚀产物Fe_3O_4为磁性物质，是FeO和Fe_2O_3两种氧化物的复合体。当冷却剂中还有其他非铁元素（如钴、铬和镍等）时，它们分别能与FeO晶格中的二价铁和Fe_2O_3中的三价铁置换，这时形成的复合体仍具有一定的磁性。因而当冷却剂通过电磁过滤器时，磁性腐蚀产物被除去，非铁元素也能被不同程度地除去。

核电站采用的电磁过滤器由非磁性材料制成的承压圆筒体和环绕筒体的线圈组成。筒体与线圈之间有一薄绝缘层，防止高温冷却剂传热给线圈。电磁过滤器的结构基本上与凝结水精处理采用的电磁过滤器相同。在筒体内装填球形或条状的、由磁性材料制成的填料。当电磁过滤器的线圈接通直流电时，产生强磁场，铁磁性填料被磁化，在填料空隙间建立起磁场梯度，磁场的方向与冷却剂的流向平行。当冷却剂流经电磁过滤器时，腐蚀产物被吸引在邻近两个填料球之间空隙的上下端（见图3-6），这种截留腐蚀产物的方式使运行过程中流体阻力的增长缓慢。

电磁过滤器运行到出水的腐蚀产物含量达到某一规定值或水

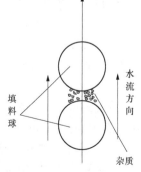

图3-6　杂质吸引部位示意

头损失达到 0.2MPa 时，停运进行反冲洗。反冲洗之前先退磁，然后用一定流速（约 2.0cm/s）的水流进行冲洗，将填料上截留的腐蚀产物冲刷下来。冲洗完毕，过滤器又可重新投入运行。整个反冲洗历时约 2～3min。

电磁过滤器除用于净化冷却剂外，还可用于蒸汽发生器的排污水处理。例如，苏联某核电站采用电磁过滤器处理流量为 50m³/h 的蒸汽发生器排污水（温度为 50℃），取得了良好效果，各种杂质的净化率分别为铁接近 100%、铜 89%、锆 95%、铬 65% 和镍 98%。

2. 微孔过滤器

从冷却剂悬浮固体物的浓度、粒度来看，冷却剂的过滤属于微滤，可采用烧结微孔过滤器，利用其过滤材料的微孔将水中大于微孔的悬浮颗粒截留。由于其过滤材料内的孔隙通道是曲折的，所以也可截留一些小于微孔的悬浮颗粒。当然，在过滤过程中并不排斥分子间引力的作用。

烧结微孔过滤器的滤料是具有一定粒度的金属、无机化合物或高分子材料。材料的烧结过程如下：将上述材料加热至再结晶或软化温度时，材料分子向颗粒间接触表面扩散而发生相互作用，使颗粒间的局部接触表面互相结合，从而形成具有一定强度和孔隙的连续整体。

目前，在核电站得到应用的主要是聚乙烯微孔过滤介质。这种过滤介质容易烧结成形，同时具有相当高的耐辐照稳定性，在 1×10^5 Gy 的吸收剂量作用下无明显性能恶化。

聚乙烯微孔过滤器的结构与有些凝结水精处理采用的覆盖过滤器相似，其主要构件是烧结管状滤元。滤元以外径 40mm、壁厚 8～10mm、长 1m 左右为宜。

烧结聚乙烯微孔过滤器的一项重要工艺指标是渗透率，即单位烧结管状滤元单位时间内通过的水量。渗透率的大小主要取决于烧结材料的孔隙率和烧结颗粒的粒径。烧结滤元的渗透率较大，在压差为 0.05MPa 时，过滤流量可达 20～100m³/（m²·h）。欲除去 5μm 以下的悬浮颗粒，烧结材料的视密度不宜小于 0.43g/cm³。常用的烧结滤元由视密度不大于 0.35～0.43g/cm³ 的原料制成。

聚乙烯微孔过滤器运行时，冷却剂从过滤器底部进入，通过滤元进入滤元管中，然后从上部流出。在运行过程中，滤元孔隙逐渐被阻塞，渗透率逐渐减小，为保持一定的流量，必须提高入口水的压力。当过滤器水头损失达到某一值时，过滤器停运，进行反洗或反吹，使滤元得到一定程度的再生。但这种反洗或反吹不常进行，因为冷却剂或其他放射性水中的悬浮颗粒含量不大，过滤器运行周期长。当过滤器水头损失超过某一允许值或放射性积累量超过一定限度时，需要更换滤元。滤元更换通常在反应堆换料或检修时进行，更换下来的废滤元直接作为固体废物处理。

（三）离子交换法

通过化学沉淀和过滤处理后，水中放射性核素大部分被除去，但仍有一定数量的离子态放射性核素残留在水中。为彻底除去这些放射性核素，一般设置离子交换系统。若被处理水中的悬浮杂质本来就少，水质也较好，则可直接用离子交换法。

为有效除去水中微量放射性核素和充分发挥离子交换树脂的工艺性能，必须在设计和使用过程中考虑如下问题。

1. 核级离子交换树脂

一种称之为"核级离子交换树脂"的树脂已广泛用于核电站放射性水处理。核级离子交换树脂是用有机溶剂，高纯度酸、碱、盐和除盐水多次洗涤常规离子交换树脂而获得的。它的特点为杂质含量低（特别是重金属含量低）、可溶性有机物含量低、颗粒均匀度高和转型率高。表 3-1 所列为核级离子交换树脂的规格。

表 3-1　　　　　　　　　　　　　核级离子交换树脂的规格

名称	交换容量 [mmol/g（干树脂的质量）]	转型率 （%）	杂质含量 （mg/L）		粒度 （目）	溶解度
阳离子 交换树脂	>4.5	H>95	Fe<200		16～50 目，50 目以下的细粒小于 0.5%	干离子交换树脂在热水中溶解度不大于 0.1%
			Cu<100			
			Pb<100			
			Na<100			
阴离子 交换树脂	>3	OH>80	Fe<200			
			Cu<100			
		Cl<5	Pb<100			

　　核级离子交换树脂的颗粒尺寸，98% 应在 0.3～1mm 范围内。

　　表 3-2 所列为几个国家的核级离子交换树脂品种，有 H 型、Li 型、NH₄ 型和 OH 型等。用户使用时，只需作简单处理。例如，H 型阳离子交换树脂用 75%～80%（体积）的甲醇、乙醇或异丙醇洗涤即可；氯型阴离子交换树脂宜先用 75%～80% 的甲醇、乙醇或异丙醇漂洗，然后再转成 OH 型。

表 3-2　　　　　　　　　　　　　核级离子交换树脂品种

国家	名称	离子型	转型率 （%）	杂质含量 （mg/L）	全交换容量 [mmol/g（干）]
美国	Amberlite IRN-218	Li⁺	⁷Li⁺>99 Na⁺<1		4.6
	Amberlite IRN-77	H⁺	H⁺>95 Na⁺<5		4.7
	Amberlite IRN-78	OH⁻	OH⁻>80 Cl⁻<5		3.5
	Amberlite IRN-169	NH₄⁺	NH₄⁻>99		—
法国	C-20N	H⁺	H⁺>99		2.1mmol/L
	A-101DN	OH⁻	OH⁻>95 Cl⁻<1		1.3mmol/L
日本	SKN-1	H⁺	H⁺>95 Na⁺<5	Fe100	4.7
	SKN-3	Li⁺	⁷Li⁺>99	Cu50	4.6
	SKN-2	NH₄⁺	NH₄⁺>99		—
	SAN-1	OH⁻	OH⁻>85	重金属 50	3.7
英国	Zeokarb225	H⁺	H⁺>95	Fe200	>4.7
	De-Aciditeff	K⁺	K⁺>99	Cu100	>4.1
		OH⁻	OH⁻>88	重金属 100	>3.5

国家	名称	离子型	转型率（%）	杂质含量（mg/L）	全交换容量[mmol/g（干）]
苏联	KY-2-8ЧC	H^+	$H^+>95$		4.7
	AB-17-8ЧC	OH^-	$OH^->85$		3.7
中国	001×7	H^+	$H^+>95$		4.5
	201×7（经预处理和转型）	OH^-	$OH^->85$		3

2. 微量放射性核素在离子交换过程中的行为

为数不少的放射性核素在水中呈离子态。经化学沉淀处理后，放射性水中残留的主要是离子态放射性核素，而且其中大多数是阳离子。因此，用离子交换法能有效去除放射性核素。但在处理放射性水，特别是处理压水堆冷却剂时，冷却剂中同时存在常量非放射性离子（如 Li^+ 或 K^+、NH_4^+、BO_3^{3-} 等）和微量放射性核素。这些常量离子对微量放射性核素在数量上的优势，使离子交换树脂的大部分可交换离子被常量离子所置换，这就较大程度地影响离子交换树脂对微量放射性核素的吸着，从而降低其净化率。冷却剂中常量离子浓度越高，这种影响越严重。图 3-7 所示为常量 Ca^{2+} 对微量放射性核素 Sr^{2+} 的吸着的影响。图中 K_d 为平衡时离子交换树脂中某一溶质浓度与溶液中该溶质浓度的比值，即分配系数。由图 3-7 可知，在用 Amberlite IR-120 阳离子交换树脂处理放射性水时，随着水中常量 Ca^{2+} 浓度的增大，K_d 值下降。

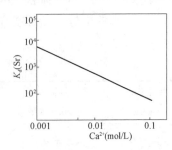

图 3-7　K_d 与 Ca^{2+} 浓度的关系

核电站多年的运行经验表明，离子交换法适用于常量离子浓度小于或等于 1000～1500mg/L 的放射性水。但为高效利用离子交换树脂除去放射性核素，常量离子浓度最好不大于 1000mg/L。

为了减弱常量离子对微量放射性核素的影响，在核电站放射性水离子交换系统中可采取如下措施。

（1）在除微量放射性核素之前，增设前置离子交换器将常量离子除去；

（2）采用对某些微量放射性核素选择性高的特种离子交换树脂，如采用酚醛型离子交换树脂能很有效地除去放射性核素铯。

处理含微量放射性核素和常量离子的放射性水，当其总浓度小于 0.1mol/L 时，离子交换速度由膜扩散控制。根据膜扩散和放射性衰变理论，放射性核素浓度在离子交换过程中随时间的变化速率 dy/dt 可写成

$$dy/dt = K(C_2 - C_1) - \lambda y$$

式中：K 为传质系数；C_2 为交换器流出液中某放射性核素的浓度；C_1 为与离子交换树脂达到平衡时溶液中某放射性核素的浓度；λ 为衰变常数；y 为离子交换树脂中某放射性核素的浓度。

在用离子交换法处理放射性水时，还应注意放射性核素在交换过程中因放射性衰变和其他原因导致出水中放射性水平增大的现象。如含惰性气体氙的放射性水通过离子交换器时，

出水中有铯、钡、铈等放射性核素，这是氙的放射性衰变所致。此外，某些放射性核素被离子交换树脂吸着后，由于衰变转化为其他形态，从离子交换树脂上解吸下来。如树脂上吸着的 I^-，因衰变转化为氙，解吸后氙再衰变成碱金属。上述两种现象都将导致出水中某些核素的放射性水平高于入口。除这两种现象外，在离子交换过程中出水还会形成某些非离子态核素，例如含氧的放射性水中的 I^-，通过离子交换树脂层时被氧化成 I_2，从而使阴离子交换树脂的除 I^- 率下降。

3. 有机合成离子交换树脂的辐照分解

在处理放射性水时，有人发现离子交换树脂的交换容量有下降的现象，为此对离子交换树脂的耐辐照稳定性进行了大量试验研究。对苯乙烯型离子交换树脂的大部分试验是在 γ 射线源条件下进行的。在 γ 射线照射下，大多数离子交换树脂交换容量降低的主要原因是离子交换树脂活性基团脱落（例如磺酸基脱落）或活性基团遭到破坏；对阳离子交换树脂，还可能是由于磺酸基中的硫失去活性。当所用离子交换树脂的交联度较低（小于 2%）时，除上述原因外，交换容量的降低还可能是因为骨架分子遭到破坏，特征是出水呈黄色或褐色。

在处理放射性水时，离子交换树脂遭到破坏的原因可能是辐照的直接作用或离子交换树脂中水的辐照分解产物的间接作用。这种间接作用可能是辐照分解产物之一水合电子的电荷传送，或激发态水分子对离子交换树脂的作用所造成的。随着离子交换树脂溶胀度的增大，间接作用的可能性增加。

判断离子交换树脂耐辐照稳定性的指标是其交换容量的降低率 R。

$$R = [(E_0 - E)/E_0] \times 100\%$$

式中：E_0、E 分别为离子交换树脂辐照前后的交换容量，$mmol/g$。

磺酸型阳离子交换树脂在辐照时发生的主要反应有

$$RSO_3H + H_2O \text{ —ww—} \rightarrow RH + H_2SO_4 \qquad (3-1)$$

$$RSO_3H + RH \text{ —ww—} \rightarrow RSO_2R + H_2O \qquad (3-2)$$

式（3-1）为脱硫反应，式（3-2）为磺酸基钝化反应。

此外，还可能发生两个磺酸基的相互作用：

$$RSO_3H + RSO_3H \text{ —ww—} \rightarrow RSO_2R + H_2SO_4$$

另外，强酸阳离子交换树脂辐照分解的产物中还有一定量的气相产物 H_2 和 CO_2。

羧基阳离子交换树脂同样会发生辐照分解，它的特点为树脂的物理化学性能有较大变化，有一定数量的羧酸低聚物进入水中以及交换容量明显降低。

苯乙烯型强碱阴离子交换树脂的辐照分解反应式为

$$RCH_2N(CH_3)_3OH \text{ —ww—} \rightarrow RCH_2OH + N(CH_3)_3 \qquad (3-3)$$

$$\searrow RCH_2N(CH_3)_2 + CH_3OH \qquad (3-4)$$

在辐照条件下，强碱阴离子交换树脂交换容量的下降，主要是由式（3-3）脱胺反应引起的，此外约 10% 是由降解反应式（3-4）引起的。

当吸收剂量大于或等于 $4.0 \times 10^6 Gy$ 时，强碱阴离子交换树脂中的强碱基团只剩下不到 20%，而弱碱基团的交换容量增大到初始交换容量的 13%～30%，与此同时非活性氮化合物的含量增多。估计这部分氮化合物来自弱碱基团，即三甲胺氧化生成的 $(CH_3)_3NO$。

一般认为，在强碱阴离子交换树脂处理放射性水的工作期间，树脂不应失去 30% 强碱基团，也就是说，强碱阴离子交换树脂只能在吸收剂量不超过（5~7）×10⁵Gy下工作。

强碱阴离子交换树脂在水中的辐照分解产物有三甲胺、二甲胺、甲胺等，这些胺最终都可能转化为NH_3，辐照分解的气相产物主要是氢（约90%），其余的10%中有CO_2、CO、N_2等。

不同型态的强碱阴离子交换树脂的辐照产物各有不同。SO_4^{2-}型和Cl^-型阴离子交换树脂在辐照作用下，其出水呈中性，且水中的辐照分解产物只有三甲胺；而NO_3^-型阴离子交换树脂的出水呈碱性，水中的辐照分解产物除三甲胺外，还有二甲胺和氨。

值得注意的是，在H-OH型混合床中，强碱阴离子交换树脂的辐照分解条件与上述情况略不相同。在单独用强碱阴离子交换树脂处理放射性水时，辐照分解产物一直与树脂相接触，而在混合床中阴离子交换树脂的辐照分解产物被混合床中的阳离子交换树脂吸着，致使阴离子交换树脂的辐照分解速度加快。表3-3所列为苏联某核电站混合床中阴树脂AB-17的辐照分解数据。混合床中阳离子交换树脂的行为与阳离子交换器中的行为相同，但其辐照产物被阴离子交换树脂吸着。

表3-3　　　　　　　　　　　　　　混合床中阴树脂 AB-17 的辐照分解

吸收剂量 （×10⁶Gy）	阴离子交换器 R （%）	混合床 R （%）	吸收剂量 （×10⁶Gy）	阴离子交换器 R （%）	混合床 R （%）
1.5	48.4	59.0	3.0	70.0	78.0
2.0	54.5	64.0	4.0	85.0	90.5

当放射性水中含有氧化剂时，树脂的辐照分解过程基本上与无氧化剂时相同，但发现树脂骨架遭到破坏，这会对交换容量的下降产生一定影响。

在了解了离子交换树脂辐照分解的原因后，有必要对影响辐照分解的主要因素进行分析。

（1）离子交换树脂的型态。H型和Na型强酸阳离子交换树脂对辐照分解较敏感；Cu^{2+}、Fe^{3+}、Co^{2+}、Pb^{2+}等型态的离子交换树脂的耐辐照稳定性高于H型和其他盐型离子交换树脂。对强碱阴离子交换树脂，盐型的耐辐照稳定性明显不同于OH型。不同型态强碱阴离子交换树脂的耐辐照稳定性次序为$I^->NO_3^->SO_4^{2-}>Cl^->OH^-$。

（2）交联度。随着交联度的增大和溶胀度的减小，离子交换树脂的耐辐照稳定性增加，原因可能是辐照的间接作用减弱。

（3）离子交换树脂骨架组成和活性基团。苯乙烯型阳离子交换树脂和阴离子交换树脂的耐辐照稳定性不同；当吸收剂量大于10^4Gy时，阴离子交换树脂明显地遭到破坏，而阳离子交换树脂在吸收剂量为10^7Gy时仍很稳定。由不同类型的骨架和相同活性基团组成的离子交换树脂，它们的耐辐照稳定性也不同。

如前所述，苯乙烯型强酸阳离子交换树脂和强碱阴离子交换树脂，辐照分解的一次产物分别是H_2SO_4或硫酸盐、三甲胺和甲醇。一次产物的进一步行为取决于反应堆回路的水化学工况和回路冷却剂净化系统的类型。当净化系统为H-OH型混合床时，离子交换树脂的辐照分解产物基本上被阳、阴离子交换树脂吸着，因此出水中它们的含量甚低；而在一级除盐系统中，出水中含有一定数量的三甲胺。在反应堆辐照作用下，三甲胺分解形成二甲胺、甲胺和氨。图3-8所示为强碱阴离子交换树脂在水中的辐照分解产物量c与吸收剂量D的关系。由图 3-8 可知,在大辐照吸收剂量下,冷却剂中只剩下 NH_3。当回路冷却剂净化系统采用 NH_4-OH 型混合床时,辐照分解产物三甲胺转化为 NH_3,甲醇被氧化成 CO_2,并被阴离子交换树脂吸着。当压水堆—回路冷却剂净化系统靠近反应堆布置时,离子交换树脂受到反应堆的辐照作用,水中所有的辐照产物胺都转化为 NH_3。

4. 失效离子交换树脂的再生或废弃

离子交换树脂失效后,通常用一定体积的再生液进行再生,使其恢复交换能力。但在核电站放射性水净化系统中的离子交换树脂失效后,离子交换树脂是再生还是废弃,应根据具体情况,通过技术经济比较来确定。在一些工业发达的国家的核电站,无机离子交换剂失效后,大都不再生,作为固体废料处理掉;而对有机合成离子交换树脂,则视情况或再生或废弃。

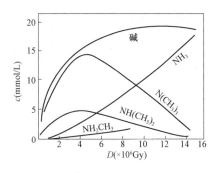

图 3-8 辐照分解产物量 c
与吸收剂量 D 的关系

之所以产生失效离子交换树脂是再生还是废弃的问题,其原因如下:

(1) 再生过程中形成的废液体积远远大于失效离子交换树脂的体积。从处置放射性废液这一角度来看,废弃失效的离子交换树脂比再生离子交换树脂更经济些。特别是当再生废液在储存期间不能衰变到低放射性活度时,废弃显得更合适。此外,考虑到核电站对离子交换树脂的使用要求甚高,需要较高的再生比耗以获得良好的再生效果,因而再生废液的体积大大增加。再生废液是高含盐量中等放射性活度废液,处理工艺较复杂。

(2) 在放射性水净化系统中,大都采用混合床。对混合床再生工艺来说,一个十分重要的问题是保证彻底反洗分层。反洗分层不彻底,会造成阳、阴两种离子交换树脂相互混淆,即在阳离子交换树脂层中混有阴离子交换树脂,阴离子交换树脂层中混有阳离子交换树脂。在再生时,就会发生"交叉污染",即阴离子交换树脂层中的阳离子交换树脂变为钠型,而阳离子交换树脂层中的阴离子交换树脂变为氯型。这种交叉污染影响混合床运行时的出水水质。为此,在不少核电站曾采用 NaOH 溶液分层法来保证彻底分层。用此法分层后,NaOH 溶液成为具有较高放射性活度的废液,从而从总体上增加了放射性废液的体积。

(3) 从离子交换装置结构来看,需再生的结构比不再生的要复杂些。

(四) 膜分离技术

电渗析和反渗透这两项膜分离技术,从 20 世纪 50 年代开始应用于水处理以来,在核电站放射性水处理中也得到了应用。

(1) 反渗透。反渗透法也可用于处理核电站中某些含盐量高且含有机物的低放射性水,因为与蒸发法或离子交换法相比,反渗透法可提供更为满意的结果。例如,用离子交换法处理这种含盐量高且含有机物的低放射性水,水中有机物被离子交换树脂吸附后,会影响其交换容量,往往树脂再生次数多。当水的含盐量大于 $2g/L$、放射性比活度不大于 $10^7 Bq/kg$ 时,反渗透法具有明显的优越性,此时反渗透法的净化率可达 $85\% \sim 98\%$。美国西屋公司的别林顿核电站用反渗透装置处理二回路蒸汽发生器排污水,在工作压力为 2MPa、pH 值为 $9.2 \sim 9.4$ 时,改性醋酸纤维素膜对 Na^+、PO_4^{3-} 和 SO_4^{2-} 的净化率都高达 99%,对硼酸的净化率也达 85%。

反渗透法在核电站主要用于处理设备洗涤水、淋浴水、洗衣水等低放射性水,也有用于处理离子交换树脂再生废液的。例如，美国西屋公司所属的核电站采用反渗透装置处理淋浴水和洗衣水，取得了良好的效果；经处理后，水的含盐量由 2000mg/L 降至 60mg/L，净化率高达 97%，放射性比活度由 $4.0×10～5.0×10^4 Bq/mg$ 降至 $1～5Bq/mg$。

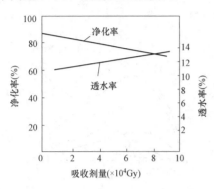

图 3-9　吸收剂量与净化率、
透水率的关系

苏联利用一级反渗透装置对含有 $NaNO_3$ 的低放射性水进行了试验研究。结果表明，一级反渗透对碘、铈、锶、铯和钴等放射性核素的净化率都达到 95% 以上，辐照对装置的醋酸纤维素膜的性能有一定影响，见图 3-9。在辐照作用下，装置的净化率逐渐降低，而透水率逐渐升高。这说明不宜用醋酸纤维素膜处理高放射性水，但在处理低放射性水时，辐照所造成的膜性能的变化甚小。例如，在处理放射性比活度小于 $10^2 Bq/mg$ 的水时，醋酸纤维素膜的工作寿命与处理非放射性水的工作寿命大致相近。

用反渗透法处理低放射性水的一个重要问题是，在保持较高的净化率又控制较高的浓缩比条件下，如何及时清除膜表面污垢、保持稳定的透水率？曾有人提出用海绵球清洗内管式反渗透装置污垢的方法。此法的原理是：定期用直径小于膜管内径的海绵球随放射性水通过膜管，利用海绵球的刮除作用和漏流作用将膜表面污垢除去。海绵球除污垢的效率相当高。运行 1h 后，当出水量降低 10% 时，用 10 个海绵球进行清洗，出水量能恢复到原有水平。每隔 2h 用海绵球除垢一次，500 次后用电子显微镜观察，未发现膜损伤现象。

（2）电渗析。由离子交换树脂制成的膜具有选择透过性，即阳离子交换膜只允许阳离子透过，阴离子交换膜只允许阴离子透过。电渗析技术就是利用这一特性来除去水中离子的。电渗析器由夹板、极板、板框、离子交换膜、隔板等部件按一定顺序组合而成。

20 世纪 60 年代—70 年代初，用电渗析法处理放射性水已在少数国家得到实际应用。例如，美国、苏联曾用电渗析装置处理核电站放射性水，都取得了较好的效果。

中国原子能科学研究院曾对二级电渗析装置处理低放射性水进行了研究。二级电渗析装置对不同放射性核素的净化率为锶 99.5%、铯 99.6%、钌 95.0%。

虽然电渗析法在实际应用中取得了较好的效果，但至今未得到广泛采用，这是因为它具有如下缺点：能量消耗大于反渗透法，电极腐蚀较严重，隔板不严密造成放射性水泄漏和离子交换膜吸附放射性等。

利用电渗析装置处理放射性水的一个重要问题是电极材料的选择。在处理放射性水时，阳极材料大多采用涂铂（或涂钌）钛，阴极材料则采用不锈钢。涂钌钛阳极的抗氧化性能优于涂铂钛阳极。采用涂贵金属的钛阳极的电渗析装置，当其阴极或阴离子交换膜表面有垢时，不允许采用倒换电极法除垢，因为倒换电极将使镀层电解溶化。

（五）其他方法

在处理核电站中、高等放射性活度水方面，蒸发法得到了较广泛应用。因为放射性水中的大多数放射性核素是非挥发性的，所以蒸发法能取得较高的净化率和有效的浓缩。蒸发法的工作原理是：将放射性水送入蒸发装置，同时导入加热蒸汽将水蒸发成水蒸气，而放射性核素则留在水中。形成的蒸汽（称为二次蒸汽）经冷凝后成为凝结水。根据核电站对水质的要求，这部分凝结水或排放或重复使用。蒸发过程中形成的小部分浓缩液，因其放射性水平高，需进行固化处理。

判断蒸发装置工作效果的指标有两个：净化系数和浓缩倍数。

蒸发装置的净化系数指的是蒸发装置进水的放射性活度 A_O 与二次蒸汽的放射性活度 A_L 的比值（A_O/A_L）。在处理以非挥发性放射性核素为主体的放射性水时，蒸发法的净化系数一般可达 10^4 以上。根据凝结水的水质要求和进水的放射性活度，可以调节需要的净化系数。例如，在处理中、高等放射性活度水，且凝结水作为居民饮用水源的组成部分时，往往需要将净化系数控制在 $10^7 \sim 10^8$。

浓缩倍数指的是蒸发装置进水体积与浓缩液体积的比值。从浓缩液的固化处理角度来看，浓缩倍数以尽可能高为好。但浓缩倍数越大，浓缩液的放射性活度越高，对蒸发装置的防护屏蔽要求也更高。过高的浓缩倍数可能导致凝结水的放射性活度增大，因此，应根据具体情况选择合理的浓缩倍数。

在用蒸发装置处理放射性水时，应注意以下几个问题：

1）防止和减弱二次蒸汽夹带放射性核素。在放射性水或其他非放射性水的蒸发过程中，二次蒸汽不可避免地会夹带出一定数量的水滴，从而影响二次蒸汽中放射性核素和其他杂质的含量，蒸发装置的净化系数也会有所下降。这对蒸发处理中、高等放射性水具有重要影响。

在处理含起泡剂的放射性水时，蒸发过程中易形成泡沫。泡沫层的形成和厚度增大，使二次蒸汽中放射性核素的含量明显增大，这是因为存在泡沫层时，蒸发装置内的蒸汽空间高度减小，此时不仅一些细小水滴，还有一些较大的水滴也可能被二次蒸汽带出。

图 3-10 所示为清华大学用小型模拟自然循环立式蒸发装置处理低放射性水的试验结果。由图可知，当蒸发速率小于 600kg/（$m^2 \cdot$ h）时，蒸汽流动不足以将泡沫层破坏，致使泡沫层厚度逐渐增加，蒸发装置的净化系数下降；当蒸发速率在 600～1200kg/（$m^2 \cdot$ h）范围时，在蒸汽流的作用下，泡沫层减薄，甚至消失，此时净化系数增大；当蒸发速率大于 1200kg/（$m^2 \cdot$ h）时，因蒸汽流上升速度显著增大，蒸汽夹带大水滴的数量增加，致使二次蒸汽受到严重污染，净化系数急剧下降。

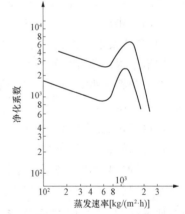

图 3-10　蒸发速率与净化系数的关系

因此，在蒸发处理放射性水，特别是处理含肥皂和去污剂这类起泡剂的放射性水时，减少二次蒸汽夹带放射性水滴，是获得低放射性二次蒸汽的关键因素之一。

泡沫层的形成及其稳定性与放射性水中起泡物质的种类和浓度有关。为防止形成泡沫层，常用的措施有：对放射性水进行预处理，尽可能地除去水中起泡物质；在蒸发装置内设置泡沫破碎器或投加防泡沫剂，以控制泡沫的形成。

泡沫破碎法，按其作用机理可分为温度效应法和机械法两种。温度效应法是通过升高或降低温度来破坏泡沫，其原理是：在高温下，由于泡沫表面黏度下降和起泡物质的蒸发或化学降解，大量泡沫被破坏；而在低温下，泡沫因其表面弹性降低而变得不稳定，难以较长时间存在。最简单的措施是，在蒸发装置内的加热管道之上设置盘旋管或环形管，其中通以蒸汽或冷却水实现升温或降温的目的。温度效应法的不足之处是，它只能将起泡现象减少到一定程度，不能迅速、彻底地抑制泡沫形成。

机械破碎法的原理是，在蒸发装置内设置泡沫撞击挡板，通过机械作用将泡沫破碎。

投加防泡沫剂（又称消泡剂），是一种较为广泛采用的方法。防泡沫剂能有效转移泡沫表面膜下的液体，从而使泡沫壁变薄而破碎。当防泡沫剂的投加量为 20mg/L 时，能有效防止泡沫的形成。

用于核电站蒸发装置的防泡沫剂有：

a. 醇类：聚二醇类及其衍生物等都是有效的防泡沫剂，视放射性水中所含起泡物质的性质，其有效浓度在 0.005%～1.0% 范围内；

b. 脂肪酸类：主要用作泡沫抑制剂；

c. 脂肪酸酯类：许多不溶于水的脂肪酸酯可用于防止泡沫形成，例如植物油、乙二醇二硬脂酸甘油等酯类，它们的有效浓度在 0.05%～2% 范围内；

d. 硅油：是很有效的防泡沫剂，其有效浓度在 0.01%～0.1% 范围内。

2）防爆。在个别核电站蒸发装置的运行过程中，曾发生过爆炸事故。起爆原因是，在用蒸发装置处理核燃料后处理过程中形成的放射性水时，这种水中含有一些无机杂质和少量磷酸三丁酯的硝酸溶液，这些有机物在高温下能与浓硝酸发生剧烈反应乃至爆炸。为此，在设计时必须予以考虑。最有效的措施是预先将放射性水中的磷酸三丁酯除去，并将硝酸浓度降低到最低限度；此外，还应尽可能地使蒸发装置内任一部位的温度不超过 130℃。

3）二次蒸汽凝结水的处理。二次蒸汽凝结水通常含有微量放射性核素，若它不作为核电站的补给水源，则在排入环境水体前，可根据当地的具体条件，用城市污水或河水等非放射性水进行稀释。当由于某些原因凝结水含有较高浓度的放射性核素时，则在排放或作其他用途之前再用离子交换等方法进行处理。

4）含挥发性核素放射性水的处理。在处理含诸如碘这样的挥发性核素的放射性水时，应采取措施提高蒸发装置的除碘率，因为当放射性水含有机物且 pH 值较高时，部分碘会转化为有机碘，变得易挥发。处理措施之一是向放射性水中投加非放射性的 KI，以提高碘与有机物的浓度比例。

在核电站放射性水处理中，以下几种类型蒸发器得到了较广泛应用。

1）立式自然循环蒸发器。

2）外加热自然循环蒸发器。

3）强制循环蒸发器。强制循环指利用泵强制进水循环，这类蒸发器的结垢程度低于自然循环蒸发器，因为高速循环能防止或减弱结垢。

4）蒸汽压缩蒸发器。在这种蒸发器中，将形成的二次蒸汽引出后，用压缩机加压提高其温度，然后作为加热蒸汽，此时新鲜的加热蒸汽仅用来补充蒸发过程中的热损失。

上述几种类型蒸发器的结构与发电厂采用的同类型蒸发器相同。无论哪种蒸发器，根据具体要求，都可以组成单级的或多级的系统。

三、放射性废水分类与放射性废水处理系统选择依据

核电站放射性废水的来源不一，放射性水平也有较大差异，加之放射性废水流量变化幅度较大，组分复杂，使放射性废水处理更加复杂化。

为便于选择放射性废水的净化系统，不少国家按废水的放射性比活度和含盐量的多少，将放射性废水分为四类：第一类是低放射性比活度（$<10^7\,Bq/kg$）、高或中含盐量（电导率

$>10\mu S/cm$）的废水；第二类是低放射性比活度（$<10^7$ Bq/kg）、低含盐量（电导率$<$ $10\mu S/cm$）的废水；第三类是高放射性比活度（$>10^7$ Bq/kg）的废水；第四类是放射性比活度小于 10^5 Bq/kg 的废水。

不同类型放射性废水处理系统的选择原则是：系统应具有较为灵活的、多样的工艺和较大的出力储备。对放射性活度较高的废水一般采用过滤 - 蒸发处理系统；对蒸发装置的二次蒸汽凝结水，可根据具体要求再经离子交换处理，处理后的凝结水可重复使用或排放。对放射性水平较低的废水，主要采用过滤 - 离子交换处理或过滤 - 膜分离处理。

四、放射性废水处理方法及其处理结果示例

表 3-4 为若干压水堆核电站一回路放射性废水的处理方法及其处理结果。处理的这些废水是安全壳地坑疏水、生产车间地面疏水、实验室排水、取样废水、淋浴水和洗衣房排水等。

表 3-4　　　　若干压水堆核电站一回路放射性废水的处理方法及其处理结果

反应堆名称	主要处理方法	年处理量 (m^3/a)	处置方法		处理前废水放射性比活度 (Bq/mg)	处理后废水放射性比活度 (Bq/mg)
			复用 (%)	排放 (%)		
希平港	蒸发，离子交换，脱气，稀释	7500	0	100	2×10^2	$10\sim2\times10^{-1}$
杨基	蒸发	1892	0	100	1×10^2	1.1×10^{-1}
康涅狄克	蒸发	4542	5	95	$10\sim10^{-1}$	$10^{-2}\sim10^{-5}$
圣奥诺弗莱	离子交换，脱气	7500	10	90	—	10^{-2}

通常将上述各类废水分别收集，即视各类废水的放射性比活度集中到几个水箱，然后通过选定的系统进行处理。

一回路放射性废水，除上述外，还有燃料储存池废水和反应堆排水。

第四章　压水堆核电站一回路、二回路腐蚀与防护

压水堆核电站一回路冷却剂、二回路工作介质采用除盐水后，换热器管结垢和汽轮机叶片积盐问题大大减轻，即使结垢也主要是金属腐蚀产物结垢，因而与水接触的金属表面的腐蚀问题凸显出来，加之腐蚀可能导致堆芯外放射性增大或泄漏，因此必须了解腐蚀及其防治方法。

第一节　腐蚀与防护概述

一、腐蚀的定义

腐蚀的英文单词为"corrosion"，源自拉丁文"corrdere"，原意是"腐烂""损坏"。国际上公认的腐蚀定义是：腐蚀是材料与周围环境发生化学或电化学作用而引起的材料的变质或破坏。

发生腐蚀的材料，包括金属材料和非金属材料，非金属材料指水泥或混凝土、陶瓷、玻璃等非金属无机材料和木材、塑料、橡胶、纤维等非金属有机材料（即高分子材料），以金属材料的腐蚀为主、也最常见。

引发材料腐蚀的周围环境，包括与水有关的环境和与水无关的环境。与水有关的环境是指自然环境（大气、土壤、海洋等）和工业介质（酸、碱、盐溶液和工业水等）；与水无关的环境，是指熔盐、燃气、非电解质溶液（如四氯化碳、苯、醚）等。

周围环境引发材料腐蚀的根本原因是材料与周围环境发生了化学反应或电化学反应。当然，物理作用、生物活动以及机械载荷等也可能成为腐蚀发生的导火索。如微生物生命活动会直接或间接地对金属腐蚀过程产生影响，并加速金属的腐蚀。

要注意的是，腐蚀定义中把化学反应和电化学反应并列了。按理说这是不应该的，因为化学反应是应该和物理反应并列的。之所以并列，是为了突出腐蚀过程中是否有电流产生。将腐蚀过程中有电流产生的反应称为电化学反应，腐蚀过程中无电流产生的反应称为化学反应。

腐蚀会带来危害，直接危害是材料的变质或破坏，间接危害是给人类带来巨大的经济损失、资源浪费、环境损害和社会危害，甚至阻碍新技术的应用和发展。

二、腐蚀的特点

腐蚀的特点，可归纳为四点。

（1）材料的腐蚀往往是"悄悄"进行的，即材料的腐蚀往往进行得很慢，使人们难以察觉，不当回事，往往出了事故才发现。

当然，有的腐蚀进行的速度并不慢，例如，常温下 5％盐酸溶液中碳钢的腐蚀，用肉眼就可明显地看出来；金属钠在常温普通水中的腐蚀则很剧烈。

（2）材料的腐蚀是自发反应。从表面上看，自发反应是不需要人为干预，也不需要人为提供能量就自动发生的反应，如铁生锈。

本质上，一个反应是否自发发生，可根据理论判断。因为自然界自发发生的反应，包括腐蚀的自发发生，都符合熵增原理；等温等压条件下反应是否自发发生，可根据吉布斯自由能变或电动势从理论上进行判断：等温等压条件下吉布斯自由能变 $\Delta G < 0$ 或电动势 $\Delta E > 0$ 的反应是自发发生的。由于腐蚀反应往往在等温等压条件下发生，而且通过计算可得知其 $\Delta G < 0$，所以腐蚀反应是自发发生的；金属腐蚀反应大多是电化学反应，对于等温等压条件下发生的金属腐蚀电化学反应，通过计算可知其 $\Delta E > 0$，这也说明腐蚀反应是自发发生的。

（3）金属材料的腐蚀是冶金的逆过程。冶金过程是通过人为提供能量，将金属由其化合态（许多就是氧化态）转变为金属单质的过程，而腐蚀是不需要人为提供能量、金属由其单质转变为化合态（大多是氧化态）的过程，恰好互为逆过程。如铁的腐蚀与冶炼，铁的腐蚀是单质铁自发变成氧化物的过程，而铁的冶炼是需要还原剂和能量（提供高温）才能把铁矿石中化合态铁还原成单质铁的过程。

（4）腐蚀普遍发生，可以说有材料存在的地方，就有可能发生腐蚀。各行各业都存在腐蚀，包括冶金、化工、能源、矿山、交通、机械、航空航天、信息、农业、食品、医药、海洋开发和基础设施等。如经常听说的石油、化工、电力等行业中，其设备、管道、开关等的跑、冒、漏、滴现象，许多就是金属被腐蚀了而导致的后果。

三、腐蚀的分类

由于腐蚀的发生具有自发性、普遍性等特点，腐蚀涉及的领域极为广泛，发生腐蚀的材料和环境以及腐蚀的机理多种多样，所以腐蚀的分类方法有很多，如根据腐蚀的定义，可按腐蚀的材料、环境、机理等分类。下面介绍腐蚀的常用分类方法。

（一）按腐蚀环境分类

根据腐蚀环境不同，金属腐蚀可分为干腐蚀（dry corrosion）、湿腐蚀（wet corrosion）、熔盐腐蚀（fused salt corrosion）和有机介质中的腐蚀（corrosion in the organic medium）。

（1）干腐蚀。干腐蚀是金属在干燥气体介质中发生的腐蚀，主要是指金属与环境介质中的氧反应而生成金属氧化物，所以又称为金属的氧化。例如，煤粉在炉膛内燃烧产生的烟气是干燥的，水冷壁管、过热器管、再热器管、省煤器管外壁发生的高温氧化，就是干腐蚀。

（2）湿腐蚀。湿腐蚀指金属在潮湿环境和含水介质中的腐蚀。包括自然环境和工业介质中的腐蚀，自然环境中的腐蚀，如大气腐蚀（atmospheric corrosion）、土壤腐蚀（soil corrosion）、海水腐蚀（corrosion in sea water）等；工业介质中的腐蚀，如酸、碱、盐溶液和工业水等中的腐蚀。

（3）熔盐腐蚀。熔盐腐蚀是金属在熔融盐中的腐蚀，如锅炉烟气侧的高温腐蚀，即锅炉烟气侧碳钢的熔融硫酸盐腐蚀。因为煤燃烧时炉膛水冷壁管外壁会由于高温氧化而形成 Fe_2O_3 层，煤中的碱金属元素 K、Na 等会形成碱金属氧化物 Na_2O 和 K_2O 凝结在管外壁上、并与烟气中的 SO_3 反应生成 K_2SO_4 和 Na_2SO_4（用 M_2SO_4 表示），即

$$M_2O + SO_3 \longrightarrow M_2SO_4$$

煤燃烧时，炉膛水冷壁管温度范围为 310～420℃，M_2SO_4 有黏性，也就是呈熔融状态，可捕捉灰粒，黏结成灰层。于是灰表面温度上升，外面形成渣层，最外层为流层。

烟气中的 SO_3 再穿过灰渣层，在管壁与 M_2SO_4、Fe_2O_3 反应，生成 $M_3Fe(SO_4)_3$，反应式为

$$3M_2SO_4 + Fe_2O_3 + 3SO_3 \longrightarrow 2M_3Fe(SO_4)_3$$

这样，水冷壁管外壁继续高温氧化形成新的 Fe_2O_3 层。这就是水冷壁管外壁受到的硫酸盐熔盐腐蚀。

（4）有机介质中的腐蚀。有机介质中的腐蚀，是指金属在无水的有机液体和气体等非电解质中的腐蚀，如铝在四氯化碳、三氯甲烷等卤代烃中的腐蚀，铝在乙醇中、镁和钛在甲醇中的腐蚀等。

显然，腐蚀按环境分类虽然只考虑了环境这一个方面，但可帮助我们大体上按照金属材料所处的周围环境去认识腐蚀规律。下面再按照腐蚀的机理即腐蚀过程中发生的反应分类。

（二）按腐蚀机理分类

根据腐蚀机理，即根据腐蚀过程中发生的反应是化学反应还是电化学反应，把金属腐蚀分为化学腐蚀（chemical corrosion）和电化学腐蚀（electrochemical corrosion）。

金属腐蚀过程中发生的反应都是氧化还原反应，都有电子得失，其中金属失电子被氧化发生氧化反应、氧化剂如 O_2 或 H^+ 等得电子被还原发生还原反应。得失电子产生电流的反应称为电化学反应，产生的腐蚀称为电化学腐蚀；得失电子但不产生电流的反应称为化学反应，产生的腐蚀称为化学腐蚀。

显然，化学腐蚀和电化学腐蚀的区别是腐蚀过程中是否有电流产生。

（1）电化学腐蚀。金属腐蚀时发生氧化还原反应、得失电子，怎么会产生电流呢？是因为形成了原电池。

原电池是把化学能转化为电能的装置，铜锌原电池如图4-1所示。

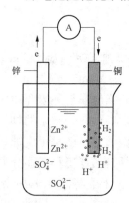

图4-1 铜锌原电池示意图

铜锌原电池的工作过程是：锌是原电池的负极（也是阳极），失去电子、被氧化，变成 Zn^{2+}，即阳极锌发生氧化反应；铜是原电池的正极（也是阴极），硫酸电离产生的氢离子（H^+）在正极铜得电子、被还原成氢原子（H），即氢离子在阴极发生还原反应。在原电池工作期间，作为负极的锌不断被腐蚀，溶液中的 H^+ 不断地在正极被还原；流过金属内部的电子流和流过电解质的离子流形成电流回路。这样，通过金属腐蚀发生氧化还原反应、得失电子，原电池的化学能转化为电能，电流产生了。

构成原电池的条件如下：

1）有活泼性不同的两个电极，如活泼性不同的两种金属或一种金属和一种导电非金属。

2）两电极都接触酸、碱、盐、工业水等电解质溶液。

3）形成闭合回路。即活泼性不同的两种金属或一种金属和一种导电非金属在酸、碱、盐、工业水等电解质溶液中接触，形成闭合回路，活泼的金属就会失电子、遭受腐蚀，并有别的物质，如氧原子、H^+ 得电子，电子、离子定向移动形成电流。

综上所述，金属的电化学腐蚀是指不纯的金属或合金接触到电解质溶液后发生原电池反应、比较活泼的金属失电子而被氧化的过程。

电化学腐蚀的特点在于它的腐蚀过程可分为两个相对独立，并且同时进行的阴极反应和阳极反应过程；阳极反应和阴极反应在被腐蚀金属表面上不同区域（阳极区和阴极区）进行，腐蚀反应过程中电子的传递是通过金属从阳极区流向阴极区而产生电流。

因电化学腐蚀而产生的电流与反应物质的转移即金属被腐蚀的物质的量，可通过法拉第定律定量地联系起来。即对于金属腐蚀而言，金属被腐蚀的物质的量与其腐蚀过程中失电子而形成的电量成正比。

但实际发生电化学腐蚀时，其产生的电流一般都不可利用，因为电流是电子通过金属从阳极区流向阴极区产生的。也就是说，电化学腐蚀实际上是短路原电池反应的结果，这种原电池又称为腐蚀原电池，在腐蚀过程中腐蚀电池反应所释放出来的化学能，刚转化为电能，马上就全部以热能形式散失了，不能产生任何有用功，原电池反应的结果只是导致金属被腐蚀破坏。

而且，实际的电化学腐蚀一般是从无数微小的原电池开始发生的，作为负极的较活泼金属不断被腐蚀，不活泼的其他材料则被保护，并伴有微电流产生。但这些原电池都是短路的，因为这些原电池的阴极和阳极，即正极和负极都直接相连在一起。

电化学腐蚀是最普遍、最常见的腐蚀，自然环境中金属的电化学腐蚀大部分是金属本身既是阳极即负极，也是阴极即正极，其中电位较低的部位是阳极即负极，电位较高的部位是阴极即正极，阳极即负极上的金属失电子被氧化形成金属离子，水溶液中的氢离子或溶解在水中的氧气的氧原子在阴极即正极上得电子被还原，其中阴极是氢离子得电子被还原的，称为析氢腐蚀，阴极是氧原子得电子被还原的，称为吸氧或耗氧腐蚀。如钢铁在自然环境中的电化学析氢腐蚀、吸氧或耗氧腐蚀。

自然环境中金属（用 M 表示，化合价为 $+n$）的电化学腐蚀可表示为

负（阳）极被氧化，发生氧化反应：$M - ne \longrightarrow M^{n+}$

正（阴）极被还原，发生还原反应：$2H^+ + 2e \longrightarrow H_2 \uparrow$（析氢腐蚀）

$$或：2H_2O + O_2 + 4e \longrightarrow 4OH^-（吸氧或耗氧腐蚀）$$

注意：n 有确定值后，阴、阳极或正、负极反应的得失电子数要相等。

由于钢铁中含有少量的碳等杂质，所以钢铁接触电解质溶液后，较活泼的金属铁被氧化而腐蚀（$Fe \rightarrow Fe^{2+}$），溶液中的氢离子或氧气的氧原子则在碳（阴极）上得到电子被还原，分别发生析氢、吸氧（或耗氧）腐蚀。

图 4-2 所示是处在潮湿空气中的钢铁表面形成水膜（酸性环境）、发生腐蚀。之所以钢铁表面形成的水膜呈酸性，是因为空气中的二氧化碳、二氧化硫等溶入水膜中电离产生了氢离子，反应式为

$$H_2O + CO_2（SO_2）\rightleftharpoons H_2CO_3（H_2SO_3）\rightleftharpoons H^+ + HCO_3^-（HSO_3^-）$$

钢铁表面析氢腐蚀的负极即阳极上发生的反应是

$$Fe - 2e \longrightarrow Fe^{2+}$$

钢铁表面析氢腐蚀的正极即阴极上发生的反应是

$$2H^+ + 2e \longrightarrow H_2 \uparrow$$

钢铁表面析氢腐蚀的总反应是

$$Fe + 2H^+ \longrightarrow Fe^{2+} + H_2 \uparrow$$

所以，钢铁处在潮湿空气中发生析氢腐蚀的条件是，钢铁表面形成水膜（酸性环境）；钢铁发生析氢腐蚀的特点是有氢气产生。

图 4-3 所示是处在潮湿空气中的钢铁发生吸氧或耗氧腐蚀。

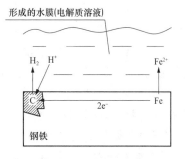

图 4-2　处在潮湿空气中的钢铁表面形成水膜（酸性环境）、发生析氢腐蚀

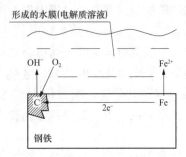

形成的水膜(电解质溶液)

OH^-　O_2　　　　　　　　Fe^{2+}

C　　　　　　$2e^-$　　　Fe

钢铁

图 4-3　处在潮湿空气中的钢铁
发生吸氧或耗氧腐蚀

处在潮湿空气中的钢铁之所以发生吸氧或耗氧腐蚀，是因为钢铁表面所形成的水膜中溶有空气中的氧。钢铁表面吸氧或耗氧腐蚀的负极即阳极上发生的反应是

$$Fe-2e \longrightarrow Fe^{2+}$$

钢铁表面吸氧或耗氧腐蚀的正极即阴极上发生的反应是

$$H_2O+1/2O_2+2e \longrightarrow 2OH^-$$

钢铁表面吸氧或耗氧腐蚀的总反应是

$$Fe+H_2O+1/2O_2 \longrightarrow Fe^{2+}+2OH^- \text{〔或 Fe（OH）}_2\text{〕}$$

后续反应可能形成橙色的 $\gamma-FeOOH$、黄色的 $\alpha-FeOOH$、黑色的 Fe_3O_4 和砖红色的 Fe_2O_3 等，如

$$Fe（OH）_2 \longrightarrow \gamma-FeOOH \text{ 或 } \alpha-FeOOH \text{ 或 } Fe_3O_4$$
$$4Fe（OH）_2+2H_2O+O_2 \longrightarrow 4Fe（OH）_3$$
$$2Fe（OH）_3 \longrightarrow （3-n）H_2O+Fe_2O_3 \cdot nH_2O$$

铁的腐蚀产物的不同颜色是其组成或晶态不同决定的。因为 $Fe（OH）_2$ 在有氧的环境中不稳定，一方面在室温下可变为橙色的 $\gamma-FeOOH$，或黄色的 $\alpha-FeOOH$，或黑色的 Fe_3O_4；另一方面 $Fe（OH）_2$ 可继续被氧化为 $Fe（OH）_3$，$Fe（OH）_3$ 再失水变成砖红色的 Fe_2O_3。橙色的 $\gamma-FeOOH$、黄色的 $\alpha-FeOOH$、黑色的 Fe_3O_4、砖红色的 Fe_2O_3，都是铁锈的成分。

观察常温下发生的钢铁腐蚀，一般开始看到的是黄色或橙色的铁锈，过一些时间则看到表面是砖红色的铁锈、表层往里是黑色的。

一个有趣的吸氧腐蚀实验是：将腐蚀液〔NaCl+K_3〔Fe（CN）$_6$〕+酚酞〕滴在光滑碳钢试片上，则碳钢试片中央变蓝、边缘变红。

碳钢试片中央变蓝，是因为中央液层厚，扩散进来的 O_2 少，此处铁作为阳极失电子变成亚铁离子：$Fe-2e=Fe^{2+}$，Fe^{2+} 遇〔Fe（CN）$_6$〕$^{3-}$ 变蓝；碳钢试片边缘变红，是因为边缘液层薄，扩散进来的 O_2 多，此处铁为阴极，O_2 在此处得电子变成 OH^-：$H_2O+1/2O_2+2e=2OH^-$，生成的 OH^- 使酚酞变红。

所以，钢铁发生吸氧或耗氧腐蚀的条件是：钢铁处在弱酸性或中性有氧环境下；钢铁发生吸氧或耗氧腐蚀的特点是有氧气参与反应。

比较钢铁处在潮湿空气中发生的析氢腐蚀和吸氧或耗氧腐蚀，发现二者的差异主要是水膜的性质不同和阴极得电子发生还原反应的物质不同，析氢腐蚀的水膜呈酸性、是氢离子得电子，吸氧或耗氧腐蚀的水膜呈弱酸性或中性、是氧原子得电子；析氢腐蚀和吸氧或耗氧腐蚀的共同点是阳极反应都是铁失电子被氧化成二价铁离子，析氢腐蚀和吸氧或耗氧腐蚀的联系是：实际上两种腐蚀通常同时存在，但吸氧或耗氧腐蚀更普遍，因为呈酸性的水膜中往往溶有氧，但很多含氧的水环境不是酸性而是中碱性。

（2）化学腐蚀。化学腐蚀是指金属表面与非电解质直接发生纯化学作用而引起的破坏。

化学腐蚀的特点：①化学腐蚀在非电解质中发生；②腐蚀过程中没有电流产生。既然化学腐蚀在非电解质中发生，当然不可能产生电流，因为非电解质不导电。但金属化学腐蚀过程中发生的也是氧化还原反应，也有电子的得失，只是电子的传递在金属与氧化剂之间直接进行。

　　实际上，单纯化学腐蚀的例子是较少见的。一般我们认为金属在干燥气体和有机介质中的腐蚀，如高温氧化、过热蒸汽腐蚀、石油输送管部件的腐蚀、天然气管腐蚀、金属钠在氯化氢气体中的腐蚀等，属于化学腐蚀，但这些腐蚀往往因介质中含有少量水分而使化学腐蚀转变为电化学腐蚀。

　　（3）电化学腐蚀与化学腐蚀的比较。可从化学腐蚀与电化学腐蚀发生的条件、产生的现象、主要影响因素和本质以及它们的联系来比较化学腐蚀与电化学腐蚀。

　　化学腐蚀和电化学腐蚀的差异是：化学腐蚀发生的条件是金属与非电解质直接接触，电化学腐蚀发生的条件通常是不纯金属或合金与电解质溶液接触、特殊情况是两种不同金属或一种金属和一种导电非金属与电解质溶液接触；化学腐蚀无电流产生，电化学腐蚀有微弱电流产生；化学腐蚀受温度影响较大，电化学腐蚀受电解质影响较大；化学腐蚀的本质是金属被氧化，电化学腐蚀的本质是较活泼金属被氧化。化学腐蚀和电化学腐蚀的联系为两者往往同时发生，但电化学腐蚀更普遍，腐蚀速度更快。

　　（三）按腐蚀形态分类

　　按腐蚀形态分类，是根据金属被腐蚀之后的外观特征怎样，或金属被破坏的形式如何来对腐蚀进行分类。一般根据金属被破坏的基本特征，把腐蚀分为全面腐蚀（general corrosion）和局部腐蚀（local corrosion）两大类。

　　1. 全面腐蚀

　　全面腐蚀是腐蚀发生在整个金属表面上，它可能是均匀的，如图 4-4（a）所示；也可能是不均匀的，如图 4-4（b）所示。其特征是腐蚀分布在整个金属表面，结果是金属构件截面尺寸减小，直至完全破坏。

图 4-4　全面腐蚀示意图
(a) 均匀腐蚀；(b) 不均匀腐蚀

　　比较纯的金属和成分、组织比较均匀的合金在均匀的介质环境中，可能表现出全面腐蚀形态，如碳钢在非氧化性盐酸溶液中通常发生均匀腐蚀。全面腐蚀，尤其是均匀腐蚀的危险性，相对而言比较小，因为在知道了金属材料的腐蚀速度和设备的使用寿命之后，可估算出材料的腐蚀容差，并在设计时将其考虑在内，也就是加大尺寸。

　　2. 局部腐蚀

　　局部腐蚀是腐蚀集中在金属表面局部区域，而其他大部分表面几乎不腐蚀，如图 4-5（a）～图 4-5（f）所示。局部腐蚀的特征是，有明晰固定的腐蚀电池阳极区、阴极区，阳极区的面积相对较小；电化学腐蚀过程具有自催化性。

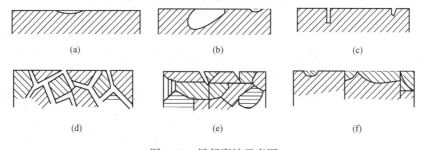

图 4-5　局部腐蚀示意图
(a) 斑状腐蚀；(b) 溃疡腐蚀；(c) 点腐蚀；(d) 晶间腐蚀；(e) 穿晶腐蚀；(f) 选择性腐蚀

腐蚀事例中局部腐蚀占 80% 以上，工程中的重大突发腐蚀事故多是由于局部腐蚀造成的。局部腐蚀一般又可分为电偶腐蚀（galvanic corrosion）、点腐蚀（pitting corrosion）、缝隙腐蚀（crevice corrosion）、晶间腐蚀（intergranular corrosion）、选择性腐蚀（selective corrosion）、磨损腐蚀（erosion corrosion）、应力腐蚀（stress corrosion）、氢损伤（hydrogen damage）等。

（1）电偶腐蚀。

1）定义。电偶腐蚀是两种腐蚀电位不同的金属或一种金属和一种导电非金属在同一介质中相互接触而产生的腐蚀，是由宏观腐蚀原电池引起的局部腐蚀，腐蚀集中于交界处。腐蚀电位较负的金属为阳极，腐蚀电位较正的金属或非金属为阴极，阳极金属的腐蚀速度较其单独存在的腐蚀速度有所增加，阴极金属的腐蚀速度较其单独存在的腐蚀速度有所降低、甚至不腐蚀。由不同金属组成阴、阳极而发生的电偶腐蚀，也称双金属腐蚀；因电偶腐蚀在两种金属或一种金属和一种非金属接触处发生，所以又称接触腐蚀。

2）电位差和电偶序。为帮助理解电偶腐蚀，介绍一下腐蚀电位差和电偶序。

腐蚀电位差是两种不同金属的腐蚀电位之差，表示电偶腐蚀的倾向。显然，两种金属在同一环境中的腐蚀电位差越大，组成电偶对时阳极金属加速腐蚀而被破坏的可能性越大。

将各种金属材料在某种环境中的腐蚀电位测量出来，并把它们从低到高排列，得到的就是所谓的电偶序。

3）电极电位和电极反应的倾向。为帮助理解腐蚀电位，介绍一下电极电位、平衡电极电位、标准电极电位和非平衡电极电位，并顺便介绍电极反应的倾向。

a. 电极电位。何谓电极电位呢？我们知道，金属具有独特的结构型式，它的晶格可以看成是由许多整齐地排列着的金属正离子和在各正离子之间游动着的电子组成。假使把一种金属浸入水溶液中，则在水分子的作用下它的正离子会和水分子形成水化离子，从而转入溶液中。以金属铁为例，其转化过程为

$$\underset{(金属)}{Fe} + nH_2O \longrightarrow \underset{(在溶液中)}{Fe^{2+} \cdot nH_2O} + \underset{(在金属上)}{2e}$$

其结果是有若干金属正离子转入溶液中，并且有等电量的电子留在金属表面上。这种过程发生后，金属表面带负电，水溶液带正电。这样，在金属表面和与此表面相接的溶液之间形成双电层，如图 4-6（a）所示。

双电层的正负电荷之间存在着吸引力，所以转入溶液中的水化离子不会远离金属表面。而且，转入溶液中的离子的量通常也极其微小，因为留在金属上的电子又会吸引溶液中的水化离子到金属表面上去，这个过程和前一个过程传递电荷的方向相反。如果这两个过程进行的速度相等，就会建立起平衡，这样离子转入溶液的过程就被自动抑制了。

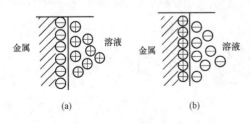

图 4-6　双电层示意图
（a）金属表面带负电荷；（b）金属表面带正电荷

由于金属表面和溶液间存在着双电层，所以有电位差，这种电位差就是该金属在此溶液中的电极电位，金属及其所在溶液称为电极。

当金属放在它的盐溶液中时，金属也可以从溶液中吸附一部分该金属正离子，因而其表面带正电、溶液带负电，形成的双电层如图 4-6（b）所示。

b. 平衡电极电位。当某金属与溶液中该金

属离子建立起平衡 $M \rightleftharpoons M^{n+} + ne$ 时，电极就产生一个稳定的电极电位，称为平衡电极电位或可逆电极电位，是稳定电极电位，这样的电极称为可逆电极。

平衡电极电位的高低与溶液中氧化态、还原态物质的浓度（准确地说是活度）和温度等有关，服从能斯特（Nernst）公式。

需要注意的是，只有平衡电极电位才服从能斯特公式，才可用能斯特公式计算：

$$\varphi_e = \varphi_e{}^o + (RT/nF)\ln\alpha_O/\alpha_R$$

式中：φ_e 为平衡电极电位，V；$\varphi_e{}^o$ 为标准平衡电极电位（简称标准电极电位），即氧化态、还原态物质的活度为 1 时的平衡电极电位，V；R 为气体常数，等于 8.314J/（K·mol）；T 为热力学（绝对）温度，K；n 为金属离子的价数；F 为法拉第常数，等于 96484.6C/mol；α_O、α_R 为氧化态、还原态物质的活度。

对于金属电极，还原态物质即金属的活度为 1，因此金属平衡电极电位的高低只与溶液中该金属离子的浓度（准确地说是活度）和温度等有关，其能斯特公式为

$$\varphi_e = \varphi_e{}^o + (RT/nF)\ln\alpha$$

式中：α 为金属离子的活度。

这说明，当温度恒定时，金属的平衡电极电位随溶液中金属离子浓度对数值的增大而增大，即金属的平衡电极电位与溶液中金属离子浓度（活度）的对数值呈线性关系。

当溶液中金属离子的活度等于 1 时，能斯特公式的最后一项为零，此时的电极电位与标准电极电位相等。因此，某金属的标准电极电位就是把它浸在含有该金属离子活度等于 1 的溶液中的电极电位。

对于一定的电极反应来说，在一定温度下，标准电极电位是一个定值，但无法测量，因而单个电极的绝对电位无法测定，只能测定两个电极的电位差。所以说电极电位是相对的，即电极电位是被测电极与参比电极组成的原电池的电动势，常用 φ 来表示。

参比电极是电极电位基本上保持恒定不变的一类电极，如标准氢电极（standard hydrogen electrode，SHE），饱和甘汞电极（saturated calomel electrode，SCE）。而且，为了便于比较，人们规定 25℃时氢的标准电极电位为 0，即标准氢电极的电极电位为 0：$\varphi = \varphi^o + 0 = \varphi^o = 0$。这里的标准是指氢离子的浓度（活度）为 1mol/L、氢气的分压为 1 标准大气压。

我国目前常用的参比电极是饱和甘汞电极，25℃时它相对于标准氢电极的电极电位是 0.2412V。一般在给出电极电位时，都应注明测量时所用的参比电极；如不注明，则通常为相对标准氢电极的电极电位。

c. 非平衡电极电位和腐蚀电位。假如在浸有金属的溶液中，除了有这种金属的离子外还有别的离子或原子也参加电极过程，那么就有可能发生下述情况：在电极上失去电子靠某一过程，而获得电子则靠另一过程。例如，将一些金属插入盐酸溶液中，金属上既进行金属失电子的还原过程：$M^n \cdot e \rightarrow M^{n+} + e$，又进行 H^+ 得电子的氧化过程：$H^+ \cdot H_2O + e \rightarrow 1/2H_2 + H_2O$。这样，在电极上得失电子的两个过程是不可逆的，这种电极称为不可逆电极。不可逆电极所表现出来的电位称为非平衡电位或不可逆电位。非平衡电位不服从能斯特公式，金属的非平衡电位的数值与金属的表面状态和溶液的组分、浓度、流速等都有关系，但只能用实验测定，不能通过能斯特公式计算。

因此，在一个电极上建立平衡电位的必要条件是该电极上只有一个电极反应，但在发生腐蚀的金属电极表面上，即使是最简单的情况，也至少有两个反应同时进行。例如碳钢在盐

酸溶液中的腐蚀，如果溶液中除了氢离子外，不存在溶解氧等其他氧化剂，则也有铁的阳极溶解反应和 H^+ 的还原反应同时在碳钢表面上进行。当这两个反应（得、失电子）的速度相等时，该腐蚀体系可达到电荷平衡状态，从而建立一个稳定的电极电位。但是根据反应可知，腐蚀反应使碳钢不断消失、盐酸溶液中 Fe^{2+} 不断产生和 H^+ 不断消耗，所以该腐蚀体系中不可能达到物质平衡。因此，该稳定电位为非平衡电位，其数值介于两个电极反应的平衡电位之间。由于电极反应导致电极金属材料发生腐蚀，所以该电极体系称为腐蚀金属电极，其稳定电位又称为腐蚀电位。

如 20A 钢在常温 5％HCl 溶液中的电极电位，是非平衡电极电位，也是腐蚀电位，只能通过实验测量：将 20A 电极和饱和甘汞电极同时浸入 5％HCl 中，将数字电压表或数字万用表的"公共端"接饱和甘汞电极引线，电压测量端接 20A 电极引线，假设此时万用表上显示的电压值为 $-0.500V$，这就是 20A 在常温 5％HCl 溶液中相对于饱和甘汞电极的非平衡电极电位，也是腐蚀电位。

d. 电极反应的倾向。电极电位数值的高低反映电极反应的倾向，电极电位越正，也就是越高，电极上越倾向于发生得电子的还原反应；电极电位越负即越低，电极上就越倾向于发生失电子的氧化反应。

4）电偶腐蚀发生的情况。通常，电偶腐蚀在如下几种情况下发生：

a. 异金属部件组合的情况。如铜锌原电池，锌的标准电极电位比铜的负，当锌和铜在水中接触时锌发生氧化反应被腐蚀；凝汽器的铜管及其花板连接处、不同材质管道连接处，都可能发生异金属接触电偶腐蚀；铜板上的铁铆钉更容易生锈，是因为带有铁铆钉的铜板暴露在空气中，表面被潮湿空气或雨水浸润，空气中的 CO_2、SO_2 和海边空气中的 NaCl 溶解其中，形成电解质溶液，这样组成原电池，铜作阴极，铁作阳极，形成电偶腐蚀，铁加速腐蚀形成铁锈。更著名的例子是作为美国象征的自由女神的电偶腐蚀。耸立于美国纽约港外一个海岛上的一座 15 层楼高的自由女神的外壳材料是铜，支撑整个雕塑的内支架是铁，在它们之间被浸透油的毛毯隔开，至今已经过一百多年的风风雨雨。但时间一长，毛毯失去了隔离作用，大西洋潮湿的、带着盐分的空气不断向自由女神"进攻"，导致原电池在自由女神身上形成。这种原电池以铁为负极、铜为正极，夹带着盐分的湿空气正好在两极之间起电解质溶液的作用，形成电偶腐蚀，不得不花巨资修复。

b. 金属及金属镀层组合的情况。

c. 金属及金属表面的导电性非金属膜组合的情况。

d. 金属及气流或液流带来的异金属沉积的情况。

5）电偶腐蚀的防止。为了避免电偶腐蚀，通常考虑从以下三个方面采取措施：

a. 正确选材，因为双金属电偶腐蚀的推动力是接触的金属之间存在电位差，所以应尽可能选取电偶序中相距较近的合金，或者对相异合金施以相同的镀层、采用绝缘性的表面保护层以及绝缘材料垫圈等。

b. 消除面积效应，避免大阴极、小阳极的电偶，也就是避免使阴极电流密度剧增，造成严重腐蚀。

c. 添加适当的缓蚀剂有效控制电偶腐蚀。

（2）点蚀。点蚀又称坑蚀、孔蚀（或小孔腐蚀），是一种极端的局部腐蚀形态。因为腐蚀从金属表面发生后，向纵深发展的速度大于横向发展的速度，结果是在金属表面上形成蚀坑或小孔，而大部分金属表面则未受腐蚀或仅是轻微腐蚀。点蚀的蚀坑口或孔口很小，蚀坑口或孔口覆盖有固体沉积物，往往很难发现，是一种隐蔽性极强、破坏性极大的腐蚀形式，难于预估及检测，往往造成金属腐蚀穿孔，引起容器、管道等设施的破坏，甚至诱发其他的局部腐蚀形式，导致突发的灾难性事故。

点蚀的敏感性与合金的成分、组织以及冶金质量有密切关系。点蚀常发生在金属表面钝化膜不完整或受损的部位。不锈钢和铝合金在含有一定浓度氯离子的溶液中呈现的常是这种破坏形式。

在流动介质中金属不容易发生点蚀，因为介质流动有利于消除溶液的不均匀性，在停滞液体中容易发生点蚀，所以输送海水的不锈钢泵在停运期间应将泵内海水排尽。

尽量降低介质中卤素离子的浓度，对溶液进行搅拌、循环或通气，都有利于预防或减轻点蚀；硝酸盐、铬酸盐、硫酸盐及碱等能增加钝化膜的稳定性或有利于受损的钝化膜再钝化，是能有效防止点蚀的缓蚀剂；利用阴极保护法，使金属的电极电位控制在点蚀保护电位以下，也可以抑制点蚀。

（3）缝隙腐蚀。缝隙腐蚀是金属与金属或金属与非金属之间形成特别小的缝隙，使缝隙内介质处于滞流状态引起的缝内金属的加速腐蚀。缝隙的尺寸一般为 0.025～0.1mm，缝隙尺寸太小则溶液不能进入，不会造成缝内腐蚀；缝隙尺寸太大则不会造成物质迁移困难，缝内腐蚀和缝外腐蚀无大的差别。

缝隙腐蚀的起因是缝隙内贫氧，于是缝隙内外形成氧浓差电池，缝隙内金属表面为阳极，缝隙外表面为阴极。

缝隙腐蚀的机理与点蚀的很相似，也称为闭塞电池腐蚀机理，其区别主要在于腐蚀的初始阶段。点蚀起源于自己开掘的蚀坑内，而缝隙腐蚀则发生在金属表面既存的缝隙中；在腐蚀形态上，点蚀的蚀坑窄而深，而缝隙腐蚀的蚀坑则相对地广而浅。

缝隙或点蚀坑内金属离子水解、溶液酸化，使缝隙或点蚀坑内溶液 pH 值下降，达到某个临界值时，金属表面的钝化膜被破坏、转变为活性态，导致缝隙或点蚀坑内金属溶解速度大大增加，这就是缝隙腐蚀或孔蚀腐蚀过程的自催化特性。

控制缝隙腐蚀除可以采取防止点蚀的措施外，还可以采取的措施有：设计中尽量注意结构的合理性，尽可能避免形成缝隙和积液的死角；对不可避免的缝隙，采取相应的保护措施；尽量控制介质中溶解氧的浓度，使溶解氧浓度低于 5×10^{-6}，这样在缝隙处就很难形成氧浓差电池，使缝隙腐蚀难以启动。

（4）晶间腐蚀。晶间腐蚀是沿着金属或合金的晶粒边界或其他的邻近区域发展的腐蚀，晶粒本身的腐蚀很轻微。晶间腐蚀是由材料微观组织的电化学性质不均匀引发的局部腐蚀，之所以出现材料微观组织的电化学性质不均匀，是因为晶界区有新相形成，使某一合金元素增多或减少，通常是贫铬。晶界因贫铬而变得非常活泼，使金属发生微观原电池腐蚀，晶界区为阳极、晶粒本体为阴极。也就是说，晶间腐蚀的发生常因晶界区有新相形成而贫铬，贫铬区电位比晶粒内部电位低而优先被腐蚀，即晶界区为阳极。

晶间腐蚀的结果是合金的强度和塑性下降或晶粒脱落，金属碎裂，设备过早损坏。这种腐蚀不易检查，设备会突然损坏，造成较大危害。工程技术上用的许多合金都会发生晶间腐蚀，如铁基合金（特别是各种不锈钢）、镍基合金以及铝基合金等。晶间腐蚀的控制应着眼于材料本身的成分和组织。

（5）选择性腐蚀。选择性腐蚀是多元合金和灰铸铁在电解质溶液中由于组元之间化学性质不均匀构成腐蚀原电池，某一组分选择性优先溶解、另一组分富集于金属表面上，使合金的机械强度下降的情况。如黄铜脱锌、铝黄铜在酸中脱铝、青铜脱锡、铜镍合金脱镍、灰铸铁石墨化等，都是选择性腐蚀。

其中黄铜脱锌比较普遍，其机理一般认为是黄铜表面的锌原子发生选择性溶解，留下空位，稍里面的锌原子通过扩散到达发生腐蚀的位置，继续发生溶解，结果是留下了疏松多孔的铜层。黄铜脱锌的破坏形式有层状、带状和栓状，影响因素包括：锌含量，锡、砷、锑等特殊元素的含量，溶液的停滞状态、Cl^-含量、pH值，黄铜表面的状态。锌含量高的黄铜容易发生脱锌；黄铜中加入锡、砷、锑可以抑制脱锌，如海军黄铜，因为含锡1%、砷0.04%，其抗脱锌腐蚀性能就提高了；黄铜表面存在多孔水垢或沉积物易形成缝隙，缝隙内处于停滞状态的溶液及其中Cl^-含量会促进脱锌；溶液的pH值可以影响脱锌的类型。

灰铸铁石墨化是灰铸铁中含有网状石墨，因为发生腐蚀时，铁发生选择性溶解，留下石墨残体骨架。从外形看并无多大改变，但机械强度严重下降，极易破损。灰铸铁构件、管道在水中和土壤中极易发生这种腐蚀破坏。

（6）磨损腐蚀。磨损腐蚀是腐蚀性介质与金属表面间发生相对运动时，由电化学腐蚀作用和机械磨损作用共同引起的局部腐蚀，简称磨蚀。金属腐蚀后，或以离子态离开表面，或生成固态的腐蚀产物受流体的机械冲刷离开表面。磨损腐蚀的外表特征呈槽、沟、波纹、圆孔和小谷形，还常常显示方向性。磨损腐蚀通常有三种表现形式，即湍流腐蚀（turbulent corrosion）、空泡腐蚀（cavitation corrosion）和摩振腐蚀（fretting corrosion）。

在设备的某些特定部位，介质流速急剧增大形成湍流，由此造成的腐蚀称为湍流腐蚀。若流体中含有固体颗粒，则金属表面的磨蚀将更严重。如凝汽器管端的冲刷腐蚀、给水泵出口管道的流动加速腐蚀（flow accelerated corrosion，FAC）。采取合理选材、改善设计、降低流速、去除介质中的有害成分、覆盖防护层和电化学保护等方法，可控制或减轻湍流腐蚀。

流体与金属构件作高速相对运动，在金属表面局部区域产生湍流，且伴随有气泡在金属表面生成和破灭，使金属呈现与点蚀类似破坏特征的腐蚀，称为空泡腐蚀，也称空蚀。控制空泡腐蚀，首先是合理选材，或在构件上涂加保护层；其次是减弱或吸收气泡破裂时的高压冲击波，降低构件表面粗糙度，在构件设计时根据水力学原理，尽可能避免造成压力突变区，防止气泡的生成。

摩振腐蚀是指在加有荷载的、互相紧密接触的两构件表面之间，由于微小振动和滑动，使接触面出现麻点或沟纹，并在其周围存在着损伤微粒的腐蚀破坏现象。阻止接触面的相对微动可抑制摩振腐蚀。

（7）应力腐蚀。应力腐蚀是金属构件在腐蚀介质和应力的共同作用下产生腐蚀裂纹、甚至断裂的一类极其危险的局部腐蚀。结构和零件的受力状态是多种多样的，可能受拉伸应力、交变应力、冲击力、振动力等。根据所受应力的不同，应力腐蚀可分为应力腐蚀破裂（stress corrosion cracking，SCC）和腐蚀疲劳（corrosion fatigue，CF）。

1）应力腐蚀破裂。应力腐蚀破裂是金属在特定腐蚀介质和拉应力的共同作用下导致的一种应力腐蚀，是危害最大的腐蚀形态之一；开始只有一些微裂纹，然后发展为宏观裂纹，裂纹穿透金属或合金，其他大部分表面不腐蚀。

应力腐蚀破裂的特征：

a. 裂纹既有主干又有分支，裂纹的方向垂直于拉应力方向；微裂纹有不同的形态，包括穿晶裂纹、沿晶裂纹和混合型裂纹。穿晶裂纹穿越晶粒延伸，沿晶裂纹沿晶界延伸，混合型裂纹是既有穿晶的也有沿晶的。

b. 主要是合金发生应力腐蚀破裂，纯金属极少发生。

c. 只有拉应力才引起应力腐蚀破裂，压应力反而会阻止或延缓应力腐蚀破裂的发生。

d. 温度对应力腐蚀破裂有重要影响，一般来说，温度升高，材料发生应力腐蚀破裂的倾向增大。

e. 应力腐蚀破裂在干湿交替环境中更容易发生，因有害离子在干湿交替环境中浓缩。

f. 应力腐蚀破裂的发生对环境有选择性，形成产生应力腐蚀破裂的材料与环境组合，如软钢与 $NaOH$ 溶液，或硝酸盐溶液，或 $Na_2O \cdot nSiO_2 + Ca(NO_3)_2$ 溶液；碳钢和低合金钢与 42% $MgCl_2$ 溶液，或 HCN 溶液；高铬钢与 $NaClO$ 溶液，或海水，或 H_2S 水溶液；奥氏体不锈钢与氯化物溶液，或高温高压蒸馏水；铜和铜合金与氨蒸气，或汞盐溶液，或含 SO_2 大气；镍和镍合金与 $NaOH$ 溶液；蒙乃尔合金与 HF 酸或氟硅酸溶液；铅合金与熔融 $NaCl$，或 $NaCl$ 水溶液，或海水，或水蒸气，或含 SO_2 大气；铅与 $Pb(AC)_2$ 溶液；镁与海洋大气，或蒸馏水，或 $KCl - K_2CrO_4$ 溶液。

如在含 H_2S 的酸性油气系统中，硫化物应力腐蚀破裂主要出现于高强度钢、高内应力构件及硬焊缝上，其特征如下：

a. 硫化物应力腐蚀破裂属低应力破裂，产生的应力值通常远低于钢材的抗拉强度，穿晶和沿晶破裂均可观察到，一般高强度钢多为沿晶破裂。

b. 硫化物应力腐蚀破裂的破坏多为突发性，裂纹产生和扩展迅速。对硫化物应力腐蚀破裂敏感的材料在含 H_2S 酸性油气中，经短暂暴露后，就会出现破裂，以数小时到三个月的情况为多。

所以，应力腐蚀破裂的发生必须具备三个必要条件：敏感的合金、特定的介质和拉应力。

应力腐蚀破裂是环境引起的一种常见的失效形式。美国杜邦公司曾分析在 4 年中发生的金属管道和设备的 685 例破坏事故，有近 60% 是由腐蚀引起的，而在腐蚀造成的破坏中，应力腐蚀破裂占 13.7%。据统计，在不锈钢的湿态腐蚀破坏事故中，应力腐蚀破裂高达 60%，居各类腐蚀破坏事故之冠。由于应力腐蚀破裂的频繁发生及其造成的巨大危害，应力腐蚀破裂已引起人们的高度关注。

2) 腐蚀疲劳。腐蚀疲劳是金属在腐蚀介质和交变应力同时作用下产生的破坏。汽轮机处于湿蒸汽区的叶片可能产生腐蚀疲劳。

与应力腐蚀破裂和机械疲劳相比，腐蚀疲劳的特点如下：

a. 腐蚀疲劳没有真实的疲劳极限。

b. 腐蚀疲劳在任何腐蚀介质中都可能发生。

c. 腐蚀疲劳性能与载荷频率、应力以及载荷波形有密切关系。

d. 腐蚀疲劳裂纹往往是多源的，与应力腐蚀破裂相比，腐蚀疲劳裂纹的扩展很少有分叉的情况。

控制腐蚀疲劳的措施是正确选材、设计时避免应力集中和采取表面强化处理和合金化处理。

（8）氢损伤。腐蚀反应或阴极保护产生的 H 原子之间有较大的亲和力，大部分结合成 H_2 逸出，其余的 H 原子向金属中扩散。金属中存在的氢引起的或与氢反应引起的机械破坏，统称氢损伤，包括氢鼓泡（hydrogen bubble，HB）、氢脆（hydrogen embrittlement）和氢腐蚀（hydrogen corrosion）。原子氢是唯一能扩散进钢和其他金属里面的物质，分子态的 H_2 不能扩散渗入金属，因此只有 H 原子才会引起氢损伤。

氢鼓泡是 H 原子向钢中扩散，在钢材的非金属夹杂物、分层和其他不连续处聚集形成 H_2 产生的表面层下平面孔穴结构，因为 H_2 较大难以从钢的组织内部逸出，从而形成巨大内压导致周围组织屈服。氢鼓泡的发生无须外加应力，与材料中的夹杂物等缺陷密切相关，其分布平行于钢板表面。

氢脆是 H 原子扩散进入钢和其他金属，与金属原子形成金属氢化物，使金属材料的塑性和断裂强度显著降低，并可能在应力作用下发生的脆性破裂或断裂现象。

氢腐蚀是 H 原子与金属中第二相，如合金添加剂相互作用生成高压气体，引起的金属材料脆性破裂。如在高温下，钢中的 H 原子可与钢中的碳化三铁发生反应生成甲烷气体，并使钢发生脱碳，反应方程式为

$$Fe_3C+4H \longrightarrow 3Fe+CH_4 \uparrow$$

四、腐蚀速度

金属受到腐蚀后，金属的外形、厚度、质量、机械性能、金相组织等都可能发生变化。这些性能的变化率都可用来表示金属腐蚀的程度，即腐蚀速度，通常用单位时间内单位表面耗损的金属质量或厚度来表示，也可用电流密度表示。

（1）对于均匀腐蚀，常用单位时间内单位表面耗损金属的质量或单位时间内耗损金属的厚度表示腐蚀速度。

1）以腐蚀耗损的质量表示腐蚀速度。这种表示方法是把腐蚀耗损的金属质量计算成单位时间内单位金属表面质量的变化值。失重的差值是金属腐蚀前的质量与清除腐蚀产物后质量间的差值；增重的差值是金属腐蚀后带有腐蚀产物的质量与腐蚀前质量间的差值。

一般用失重表示腐蚀速度，其计算公式为

$$v^- = (m_0 - m_1)/At$$

式中：v^- 为腐蚀速度（失重表示），$g/(m^2 \cdot h)$；m_0 为金属腐蚀前的初始质量，g；m_1 为金属腐蚀后已去除腐蚀产物的质量，g；A 为金属的表面积，m^2；t 为腐蚀进行的时间，h。

如果腐蚀产物牢固附着在金属表面不易去除，也用增重表示腐蚀速度，其计算公式为

$$V^+ = (m_2 - m_0)/At$$

式中：V^+ 为腐蚀速度（以增重表示），$g/(m^2 \cdot h)$；m_2 为金属腐蚀后带有腐蚀产物的质量，g。

2）以腐蚀耗损的厚度表示腐蚀速度。以腐蚀耗损的厚度表示腐蚀速度，是将一定时间内金属均匀腐蚀耗损的质量，通过质量、体积（厚度×面积）、密度之间的关系，换算成单位时间内的厚度损失。

以腐蚀耗损的厚度表示的腐蚀速度，可通过下式计算：

$$v_t = (v^- \times 365 \times 24) \times 10/(100^2 \times \rho) = (v^- \times 8.76)/\rho$$

式中：v_t 为以腐蚀耗损的厚度表示的腐蚀速度，mm/a；ρ 为金属的密度，g/cm^3。

以腐蚀耗损的厚度表示的腐蚀速度，也可通过直接测量一定时间内局部腐蚀的腐蚀损失厚度得到，单位一般也是 mm/a。

对于均匀腐蚀，以腐蚀耗损的厚度表示腐蚀速度时，可粗略分为三级以评定金属材料在介质中的耐蚀性（见表 4‐1）。

表 4‐1　　　　　　　　　　　　金属材料均匀腐蚀的等级

耐蚀性评定	耐蚀性等级	腐蚀厚度（mm/a）
耐蚀	1	<0.1
一般（可采用）	2	$0.1\sim1.0$
不耐蚀（不可采用）	3	>1.0

（2）用电流密度表示电化学腐蚀速度。对于电化学腐蚀，通常用电流密度（单位面积上通过的电流强度）来表示，即以电流密度表示电化学腐蚀速度。

因为在金属的电化学腐蚀过程中，被腐蚀的金属作为阳极，发生氧化反应而不断被溶解，同时释放出电子。释放出的电子数量越多，即输出的电量越多，意味着金属被溶解的量越多。显然，金属电极上输出的电量与金属电极的溶解量之间存在定量关系，这个定量关系就是法拉第定律。

根据法拉第定律，当电极上有 1F 电量（1F＝96484.6C/mol）通过时，电极上参加反应的物质的量恰好是 1mol（以 Na 计）。比如当电极通过 1F 的电量时，电极上阳极溶解或阴极沉积的金属的量就正好是 1mol（以 Na 计）；如果电极上发生的是 H^+ 的阴极还原过程，那么就有 1mol（以 Na 计）的氢气析出。因此，根据通过的电量，可以算出溶解或析出的物质质量：

$$m = QM/Fn$$

式中：m 为电极上溶解或析出的物质质量，g；Q 为电极上流过的电量，C；M 为反应物质的摩尔质量，g/mol；F 为法拉第常数，为 96484.6 C/mol；n 为反应物质的得失电子数。

已知

$$Q = It$$

式中：I 为电流强度，A；t 为反应时间（通电时间），S。

将 $Q=It$ 代入 $m=QM/Fn$，得

$$I = nF(m/Mt)$$

由上式 $[I=nF(m/Mt)]$ 可以看出，流过电极的电流强度正比于单位时间里电极上溶解或析出物质的摩尔数。

因此，用电流密度表示金属腐蚀速度的计算公式是

$$i = I/A = nF(m/AMt)$$

式中：i 为电流密度（单位表面上通过的电流强度），$\mu A/cm^2$；A 为金属腐蚀部位的面积，cm^2。

所以，用电流密度表示金属的电化学腐蚀速度，表示的是单位时间单位电极表面上溶解或析出的物质摩尔数。

根据以上讨论，可推导出金属电化学腐蚀速度的电流指标、质量指标和厚度指标之间的关系。

因为
$$v^- = m/At, v_t = v^-/\rho, i = I/A = nF(m/AMt)$$
所以
$$i = (nF)(1/M)v^-$$
$$v^- = (M/nF)i$$
$$v_t = (M/nF\rho)i$$

注意，如果上述各式中的参数采用的单位不同于前面注明的单位，则具体表达式中的系数不一样。如 v^- 的单位还可以用 g/（m²·d）或 mg/（dm²·d）；v_t 的单位可以用 mm/a，也有用 in/a 的；i 的单位可以用 A/m² 或 μA/cm²。

当 v^- 的单位用 g/（m²·d）、i 的单位用 μA/cm² 时：
$$v^- = 8.95 \times 10^{-3} iM/n$$
当 v^- 的单位用 mg/（dm²·d）、i 的单位用 μA/cm² 时：
$$v^- = 8.95 \times 10^{-2} iM/n$$

五、防腐蚀方法

从提高材料的耐蚀性和减小介质（即环境）的侵蚀性两方面考虑，防止腐蚀的方法主要有：合理选材、表面保护、介质处理和电化学保护。

1. 合理选材

合理选材是根据材料所要接触介质的性质和条件、材料的耐蚀性能，以及材料的价格，选择在介质中比较耐蚀、满足设计和经济性要求的材料。如铜合金由于其优良的导热性、良好的塑性和必要的强度，以及易于机械加工、价格不太昂贵等优点，以前在热交换器中使用得最多；但由于铜合金管易腐蚀和价格较高，现在淡水冷却的凝汽器管都用耐蚀性更好和价格相对便宜的不锈钢管，海水冷却的凝汽器管都用耐蚀性很好的钛管。

2. 表面保护

表面保护是利用覆盖层尽量避免金属和腐蚀介质直接接触而使金属得到保护。

金属表面的保护性覆盖层，可分为金属镀层、非金属涂层和衬里。产生金属镀层的方法主要有热镀（如镀锌钢管）、渗镀（也称表面合金化）、电镀等。非金属涂层可分为无机涂层（包括搪瓷、玻璃涂层以及化学转化涂层，化学转化涂层如金属表面的氧化膜和磷化膜等）和有机涂层（包括塑料、涂料和防锈油等）。衬里，如碳钢等金属表面衬耐蚀性较好的塑料、橡胶、玻璃钢、不锈钢等。

3. 电化学保护

电化学保护是利用外部电流使金属的电极电位发生改变，从而防止其腐蚀。它包括阴极保护和阳极保护两种方法。

（1）阴极保护法。阴极保护法是将被保护的金属作为腐蚀电池或电解池的阴极而不受腐蚀，即在金属表面上通入足够大的外部阴极电流，使金属的电极电位负移、阳极溶解速度减小，从而防止金属腐蚀的一种电化学保护方法。这种保护方法又可分为牺牲阳极和外加电流两种。

1）牺牲阳极的阴极保护法。牺牲阳极的阴极保护法是在被保护金属上连接一个电位较负的金属，使被保护金属成为它与牺牲阳极所构成的短路原电池的阴极，从而以牺牲阳极的溶解为代价来防止被保护金属的腐蚀。如在铁表面镶嵌比铁活泼的金属锌，使活泼金属锌被氧化，而钢铁被保护。

2）外加电流阴极保护法。外加电流阴极保护法是将被保护金属与直流电源的负极相连，该电源的正极与在同一腐蚀介质中的另一种电子导体材料（辅助阳极）相连，被保护金属在它与辅助阳极构成的电解池中作为阴极，发生阴极极化，电极电位被控制在阴极保护的电位范围内，从而以消耗电能为代价来防止被保护金属的腐蚀。例如凝汽器水侧管板和管端部、地下取水管道外壁等均可采用牺牲阳极或外加电流进行阴极保护。

（2）阳极保护法。阳极保护法是在金属表面上通入足够大的阳极电流，使金属的电极电位正移，达到并保持在钝化区内，从而防止金属腐蚀的一种电化学保护方法。

阳极保护法通常是将被保护金属与直流电源的正极相连，这样被保护金属在它与辅助阴极构成的电解池中作为阳极，发生阳极极化，电极电位被控制在钝化区的电位范围内而得到保护。此时，由于金属表面可形成在腐蚀介质中非常稳定的保护膜，因而金属的腐蚀速度大为降低。因此，阳极保护法只适用于可能发生钝化的金属，如碳钢或不锈钢浓硫酸贮槽的阳极保护。

4. 介质处理

介质处理的目的是降低介质的腐蚀性，促使金属表面发生钝化，通常采用下列方法。

（1）控制介质中溶解氧等氧化剂的浓度。例如，为了控制压水堆核电站二回路和汽包炉火电机组水汽系统热力设备的氧腐蚀，可采取给水除氧（热力除氧，或联胺化学除氧）的方法；也可向直流炉火电机组给水中添加钝化剂（如氧气等氧化剂），通过金属与钝化剂的自然作用使金属的电位正移到钝化区而钝化，即进行给水加氧处理。

（2）提高介质的 pH 值。提高介质的 pH 值（如用氨水提高给水的 pH 值，即给水 pH 值调节），一方面可中和介质中的酸性物质，防止金属的酸性腐蚀；另一方面可使介质呈碱性，促进金属的钝化，如给水 pH 值调节的目的之一就是使铁进入钝化区。

（3）降低气体介质中的湿分。例如，采用干法保护停用的火力发电锅炉时，使用干燥剂吸收空气中的湿分。

（4）向介质中添加缓蚀剂。在腐蚀介质中加入少量就能大大降低金属腐蚀速度的物质，称为缓蚀剂，如酸洗设备时加缓蚀剂防腐蚀。缓蚀剂具有选择性和协同效应两大特点。缓蚀剂的选择性，是指其对介质、金属都有很强的选择性。缓蚀剂的协同效应，是指两种或两种以上成分混合在一起的缓蚀效果比其中单一成分的缓蚀效果都明显好的效应。所以缓蚀剂一般都是混合物，采用缓蚀剂防腐，一定要针对具体的金属材料和介质体系，设计或选用合适的缓蚀剂；如果没有合适的，则要探究新的合适缓蚀剂。

第二节　压水堆核电站一回路的腐蚀与防护

一、一回路结构材料

在早期的核电站中，与冷却剂接触的结构材料几乎都是不锈钢。后来发现锆合金的耐高温腐蚀性能及核性能比不锈钢好，因此在反应堆中采用锆合金作为燃料元件包壳材料；同时，由于镍基合金具有良好的耐氯离子应力腐蚀破裂的能力，因此，蒸汽发生器中的不锈钢换热管逐渐为镍基合金管所取代；一些活动的机械部件，如控制棒驱动机构、泵叶轮、轴承、阀杆、阀板等，均采用耐磨高强度钢和硬质合金（如 17 - 4pH、司太立合金、海因斯 -

25 合金等）。表 4-2 所列为典型压水堆一回路构件所采用的金属材料，表 4-3 为这些材料的合金成分及其机械性能。

表 4-2 **典型压水堆一回路构件所采用的金属材料**

设备	材料
反应堆压力壳	
压力容器	低合金钢[①]，304 型不锈钢覆面
仪表和控制棒驱动接管	因科镍-600 合金
燃料元件包壳和导向环	锆-4 合金
控制棒驱动机构	17-4PH、410 型不锈钢
主管道	304L 型不锈钢
波动管和喷雾管	316 型不锈钢
蒸汽发生器	
壳体	低合金钢[①]
下封头衬里	堆焊 304 不锈钢
管板覆面（一回路侧）	堆焊因科镍-600 合金
换热管	因科镍-600 或因科洛依-800 合金
隔板	410 型不锈钢
主泵	
泵壳	低合金钢[①]，堆焊不锈钢
叶轮	17-4PH 型不锈钢
稳压器	
箱体	低合金钢[①]，304 型不锈钢或因科镍-600 合金衬里
电加热器	因科镍-600 合金

① 系特种低合金钢（通常是低碳锰钼铌钢），国内牌号为 S-271、S-272，美国类似材料的牌号为 508-Ⅱ、508-Ⅲ，德国为 22NiMoCr37。

表 4-3 **压水堆主要结构材料的成分及机械性能**

材料名称	名义组成（%，m/m）	拉伸性能（室温）		
		抗张强度（×6.9MPa）	0.2%屈服强度（×6.9MPa）	延伸率（%）
合金钢				
ASTMA212	0.35C，0.9Mn，0.23Si	10~85	38	19
ASTMA302	0.23C，0.8Mn，0.23Si，2.3Ni，0.5Mo	80~100	50	17
SAE4140	0.40C，0.9Mn，0.28Si，0.95Cr，0.2Mo	—	—	—
SAE4340	0.40C，0.7Mn，0.28Si，0.80Cr，0.25Mo，1.8Ni			
不锈钢				
AISI304	0.08C，18Cr，8Ni	85~180	30~125	50~10
AISI304L	0.03C，18Cr，8Ni	85~180	30~125	60~8
AISI316	0.08C，18Cr，12Ni，2.5Mo	80~150	30~135	50~6
AISI347	0.08C，18Cr，11Ni，Nb+Ta=10×C	91	40	50
AISI348	0.08C，18Cr，11Ni，Nb+Ta=10×C，Ta<0.1，Co<0.2	91	40	50

续表

材料名称	名义组成（%，m/m）	拉伸性能（室温）		
		抗张强度（×6.9MPa）	0.2%屈服强度（×6.9MPa）	延伸率（%）
AISI430	0.12C，16Cr	70～90	40～55	30～20
17-4PH（AISI630）	0.07C，1.0Mn，1.0Si，16.5Cr，4Ni，0.3Nb，4Cu	165	110	6
镍基合金				
因科镍-600	77Ni，16Cr，7Fe，0.2Mn，0.2Si	100～160	45～100	43～28
因科镍-690	>58Ni，27～31Cr，7～11Fe，<0.035Co，<0.05C	—	—	—
因科洛依-800	32Ni，21Cr，45Fe，0.9Mn，0.4Ti	82	32	46
哈斯特洛依R-235	60Ni，15Cr，10Fe，5Mo，2.5Co，2.5Ti，2Al	140	85	33
锆合金				
锆-2	1.5Sn，0.15Fe，0.10Cr，0.05Ni	71～110	44～97	26～5
锆-4	1.5Sn，0.20Fe，0.10Cr，Ni<0.07			

综上所述，与一回路冷却剂水直接接触的结构材料主要是锆合金、不锈钢和镍基合金。

二、一回路冷却剂除氧和提高 pH 值防腐蚀

即使是除盐水用作一回路冷却剂，水中还是有游离 O_2 和 CO_2，它们的存在会造成设备腐蚀，特别是溶解氧的存在将加速氯离子对不锈钢材料设备的应力腐蚀破裂。另外，溶解在水中的 N_2 可能由于水的辐照分解而形成硝酸，和 CO_2 一起降低冷却剂的 pH 值。所以要对一回路冷却剂除氧并提高和控制其 pH 值。

（一）一回路冷却剂除氧

一回路冷却剂除氧，包括加联氨（N_2H_4）进行化学除氧和运行过程中加氢抑制冷却剂辐照分解、进一步降低冷却剂中氧含量。

1. 采用联氨进行化学除氧

采用联氨进行化学除氧，是利用联氨的还原性与氧气进行氧化还原反应除氧。一方面在用作一回路补水的除盐水中加入联氨进行初步除氧，另一方面在压水堆启动过程中，当冷却剂温度升至 90～120℃时停止升温，加联胺除氧，直至取样分析表明冷却剂中氧含量达到规定水质指标时为止，因为温度为 90～120℃时，联胺与氧气的反应速度快、除氧效果好。

2. 加氢抑制冷却剂辐照分解并进一步降低冷却剂中氧含量

（1）水的辐照分解。

1）水的辐照分解过程。电离辐射引起的水或水溶液的变化过程，从射线轰击水分子开始到建立某种辐照分解产物的化学平衡为止，大致可分为三个阶段。

a. 第一阶段是辐照能量传递阶段，是射线和水作用的开端，是水分子激发和电离的过程。

在这一阶段，辐照能量直接或间接引起水分子的电离或激发，产生电子、带正电的水离

子 H_2O^+ 和处于激发状态的水分子 H_2O^*，反应式为

$$H_2O \xrightarrow{\quad ww \quad} H_2O^+ + e$$
$$\xrightarrow{\qquad} (H_2O)^*$$

这一过程与射线的类型和能量无关，进行得十分迅速，约在 $10^{-15}\,s$ 或 $10^{-18} \sim 10^{-16}\,s$ 内完成，即作用时间很短。

b. 第二阶段为建立热平衡的过程，这一过程的作用时间也很短，约在 $10^{-15} \sim 10^{-11}\,s$ 内完成，包括如下几个过程：

a）电子的水合过程：电离出来的电子速度减慢，成为"热"电子；电子的电场吸引极性水分子在其四周重新排列，所以它又叫水合电子（见图 4-7）。这一过程可以表示为

$$e + n H_2O \rightarrow e_{aq} \qquad \text{或} \quad e \xrightarrow{\quad} e_{热} \xrightarrow{\quad} e_{水合}$$

b）带正电的水离子和相邻水分子发生质子转移反应，生成 H_3O^+ 和 OH 自由基：

$$H_2O^+ + H_2O \rightarrow H_3O^+ + OH$$

生成的 H_3O^+ 也随即发生水合作用。水合 H_3O^+ 和水合电子的分布范围不一样。前者在辐照电离径迹近旁，而后者要远一些，因为电子具有更大的迁移性。

c）辐照形成的激发态水分子离解生成氢原子和 OH 自由基：

图 4-7　水合电子

$$(H_2O)^* \rightarrow OH + H$$

第一和第二阶段形成的 H_2O^+、H_3O^+、$(H_2O)^*$、H、OH 和 e_{aq}，通常称为辐照分解的一次（或初级）产物。

c. 第三阶段为自由基的扩散、相互作用及建立化学平衡阶段，即一次辐照分解产物相互作用建立化学平衡的阶段。

因为在辐照电离径迹范围内生成了大量的初级（一次）辐解产物 e_{aq}、H_2O^+、H_2O^*、H_3O^+、H、OH 等，它们之间互相作用生成次级辐解产物；同时，所有这些辐解产物会逐渐向水体扩散。在扩散过程中相互反应，并渐渐达到平衡。这个过程在辐照电离径迹范围内，约在射线通过后 $10^{-11}\,s$ 开始，在水中稍慢一些（$10^{-10}\,s$）。

在此阶段内，辐照分解的一次产物相互作用生成较为稳定的分子产物，其反应式见表 4-4。

表 4-4　　　　　　辐照分解的一次产物相互作用生成较为稳定的分子产物的反应式

$e_{aq} + e_{aq} \xrightarrow{2H_2O} H_2 + 2OH^-$	$e_{aq} + H \xrightarrow{H_2O} H_2 + OH^-$
$e_{aq} + OH \longrightarrow OH^-$	$e_{aq} + H_3O^+ \longrightarrow H + H_2O$
$e_{aq} + H_2O \longrightarrow H + OH^-$	$H + H \longrightarrow H_2$
$OH + OH \longrightarrow H_2O_2$	$H + OH \longrightarrow H_2O$
$H_2O_2 + H \longrightarrow OH + H_2O$	$H_2O_2 + OH \longrightarrow HO_2 + H_2O$
$H_2 + OH \longrightarrow H + H_2O$	$HO_2 + OH \longrightarrow H_2O + O_2$
$HO_2 + HO_2 \longrightarrow H_2O_2 + O_2$	$OH^- + H_3O^+ \longrightarrow 2H_2O$

由上可知，冷却剂辐照分解的最终产物有：分子产物 H_2、H_2O_2 以及活性粒子 OH、H 和 HO_2。

当然，纯水在压水堆核电站一回路中，会分解也会按下述反应合成：

$$H_2+OH\longrightarrow H+H_2O, \quad H+H_2O_2\longrightarrow H_2O+OH$$

这样，可以将水的辐解过程的诸多反应归结为两大类，一类是水的辐照分解反应：

$$2H_2O\xrightarrow{\text{ww}}H_2+H_2O_2, \quad H_2O\xrightarrow{\text{ww}}H+OH$$

这两个分解反应的反应份额（%）与电离辐射类型有关，见表 4-5。

表 4-5　　　　　　　　　　　电离辐射类型对水辐照分解方式的影响

辐射类型	反应份额（%）	
	$H_2O\xrightarrow{\text{ww}}H+OH$	$2H_2O\xrightarrow{\text{ww}}H_2+H_2O_2$
^{60}Co（γ）	80	20
^{10}B（n, α）^{7}Li（0.02mol/L H_3BO_3）	4	96
^{10}B（n, α）^{7}Li（0.05mol/L H_3BO_3）	6	94
^{3}H（β）	70	30

另一类是生成水的反应：

$$H_2+OH\longrightarrow H+H_2O, \quad H+H_2O_2\longrightarrow H_2O+OH$$

即反应生成的 H、OH 又会再和 H_2O_2、H_2 反应生成水。

需要注意以下两点：

a. 在溶有氧的水中，氧会和辐解产生的氢原子反应（$H+O_2\longrightarrow HO_2$），生成 HO_2。HO_2 通过本身的相互作用（$HO_2+HO_2\longrightarrow H_2O_2+O_2$），和与辐解产生的氢氧自由基作用（$HO_2+OH\longrightarrow H_2O+O_2$），使 H_2O_2 和 O_2 的产生量大增，如剂量率为 5×10^{20} eV/（cm^3·S）时，去气水中 H_2O_2 的量为 0.5×10^{-6} mol/L，未去气水中 H_2O_2 的量为 9.6×10^{-6} mol/L；H_2O_2 的分解（$H_2O_2\longrightarrow H_2O+1/2O_2$）也产生游离氧；辐解产物游离氧反过来又促进水的辐解和 H_2O_2 的生成。

b. 在有氮或空气参与的含氧水中的辐射化学反应中，会形成硝酸（$2N_2+5O_2+2H_2O\xrightarrow{\text{ww}}4HNO_3$），加之水正离子的离解（$H_2O^++H_2O\longrightarrow H_3O^++OH$）和 H_2O_2 的离解（$H_2O_2\longrightarrow HO_2^-+H^+$），将导致水的 pH 值下降，甚至可酸化到 pH 值为 3~4。

这种既有氧、pH 值又低的条件，将使结构材料的腐蚀加速，特别是不锈钢和镍基合金的腐蚀速度以及金属表面腐蚀产物向冷却剂的释放将增加。说明压水堆核电站一回路初装水的除气是必不可少的。

2）压水堆核电站一回路含硼水的辐照分解。压水堆核电站一回路冷却剂中加入硼酸作为可溶性中子吸收剂，由 ^{10}B（n, α）^{7}Li 反应生成的反冲氦核（α 粒子）具有很大的 LET 值（LET 值是射线的线性能量转移值，用通过单位路程时荷电粒子的能量损失来衡量带电粒子在特定介质中的电离能力），使反应 $2H_2O\longrightarrow H_2+H_2O_2$ 的份额增加（见表 4-5）。所以，冷却剂中加入硼后，由于硼的中子反应 [^{10}B（n, α）^{7}Li]，水的辐解产物增加。

当然，只有冷却剂中硼有一定浓度时，才对水的辐照分解有明显影响。如冷却剂中硼酸浓度低于 0.02mol/L 时，^{10}B 中子反应引起水的辐照分解的增加并不明显；当冷却剂中硼酸浓度超过此值后，开始有 ^{10}B 中子反应引起的辐解 H_2 和 H_2O_2 产生，硼酸浓度越高产生越快，还会有氧产生，因而 H_2 的产生量比 H_2O_2 略多，二者的差值大约等于氧的生成量，这说明部分 H_2O_2 发生了分解。

3）辐解产物产额。辐解产物产额是用来衡量冷却剂辐照分解的程度的，是指冷却剂每吸收 100eV 的辐射能，产生（冠以"＋"号）或消失（冠以"－"号）的辐解产物数目，常用 G 表示。如 $G_{-H_2O}=4.1$，说明水每吸收 100eV 辐射能量，会有 4.1 个分子分解；$G_{H2}=0.41$，表示 100eV 的辐射能量被水吸收后，将有 0.41 个氢分子产生，等等。

4）辐解产物。根据辐解产物的化学形态，可分为自由基产物和分子产物。分子产物主要有 H_2、H_2O_2 和 O_2，它们由初级产物相互作用而成，具有比较稳定的形态，可在溶液中积聚到一定浓度，较易测量。辐解自由基产物则不然，它们非常活泼，极不稳定，难以积聚到易于测量的水平。因此，在实际工作中往往以易于测量的分子产物的产额和积取量来判断水的辐照分解程度或速度。

根据化学性质，可以将水的辐解产物分成还原性产物和氧化性产物。

还原性产物包括水合电子（e_{aq}）、氢原子（H）、氢分子（H_2）。

水合电子是一种很强的还原剂，它的还原能力比氢原子还强，还原电位 E^0 等于 2.6V。水合电子除了能与其他自由基产物迅速发生反应外，还能与冷却剂中许多物质发生反应，如将 Co^{2+}、Ni^{2+}、Fe^{2+} 还原。因此，杂质的存在对水合电子的产额有很大影响。一般 γ 射线造成的水合电子浓度不大于 5×10^{-9} mol/L。

氢原子主要由反应 $H_2O^* \longrightarrow H+OH$ 直接生成，它是又一种强还原性辐解产物，还原电位 E^0 为 2.1V。它的生成量小于水合电子，辐解过程的第二阶段（建立热平衡阶段）开始时，原子氢浓度仅为水合电子的五分之一；但在酸性条件下，基于反应 $HA+e_{aq} \longrightarrow H+A^-$，原子氢的浓度可能提高。

氢分子的产生归因于下述自由基反应：

$$e_{aq}+e_{aq} \xrightarrow{2H_2O} H_2+2OH^-, e_{aq}+H \xrightarrow{H_2O} H_2+OH^-, H+H \longrightarrow H_2$$

可见 H_2 的生成与水合电子关系极大。

水的直接辐照分解（$H_2O-ww \longrightarrow H_2+O$）也能生成氢分子，但其概率仅为上述自由基反应的 1/3。纯水中 γ 射线的 G_{H2} 为 0.45。在水的辐照分解过程中，由于氢分子主要是由初级自由基产物复合而成的次级分子产物，故其在水中的生成量取决于能够参与复合反应的自由基数量。电离辐射的 LET 值越大，即单位辐射长度上水分子的电离越多，初级自由基产物的局部浓度越高，此时分子氢的产额也就越高。因此，重荷电粒子的 G_{H2} 值要比射线的大得多，这个规律也适用于其他分子态辐解产物。

氧化性产物包括氢氧自由基（OH）、超氧化氢（HO_2）、过氧化氢（H_2O_2）以及氧分子（O_2）。注意，因冷却剂 pH 值不同，H_2O_2 和 HO_2 可能是氧化性产物，也可能是还原性产物，例如在酸性和中性水中，这两种产物呈现出氧化性能，而在碱性介质中 H_2O_2 则表现出明显的还原性能。

OH 可由反应 $H_2O-ww- \longrightarrow (H_2O)^* \longrightarrow OH+H$ 和 $H_2O^++H_2O \longrightarrow OH+H_3O^+$ 产生。OH 是一种氧化能力非常强的辐解产物。当 H^+ 的浓度为 1mol 时，OH 的氧化电位 E^0 为 $-2.8V$，这意味着它几乎能将所有低价无机物氧化到高价态，这是水冷反应堆冷却剂中金属材料氧化的原因之一。由 OH 复合而成的分子辐解产物 H_2O_2，在 γ 射线或水合电子的作用下也会重新产生 OH：

$$H_2O_2 \xrightarrow{\gamma} 2OH, H_2O_2+e_{aq} \longrightarrow OH+OH^-$$

在碱性介质中 OH 可以转化成 O^-：$OH \longrightarrow O^- + H^+$、$OH + OH^- \longrightarrow O^- + H_2O$

O^- 也是一种氧化剂，它对其他物质的氧化反应速度，以及和 H、H_2O_2 的反应速度都要比 OH 快。

无氧水中 HO_2 的产生，基于反应 $H_2O_2 + OH \longrightarrow H_2O + HO_2$。这个反应由于有 H_2O_2 这一辐照分解产物参加，所以与 LET 值有密切关系。例如，$^{60}Co(\gamma)$ 射线作用下的 $G_{HO_2} = 0.026$，能量为 5.4MeV 的 α 射线作用下的 $G_{HO_2} = 0.25$，在 γ 射线作用下 HO_2 的生成量极小。若有氧存在，HO_2 可由反应 $O_2 + H \longrightarrow HO_2$ 产生。HO_2 是一个非常重要的次级产物，对系统中游离氧的生成有很大关系，因为 HO_2 本身的相互作用（$HO_2 + HO_2 \longrightarrow H_2O_2 + O_2$）以及和金属离子反应（$HO_2 + Ce^{4+} \longrightarrow H^+ + O_2 + Ce^{3+}$），都会生成氧分子，这是无氧水在堆辐射条件下生成游离氧的原因之一。

H_2O_2 的产生主要基于 OH 的互相结合（$OH + OH \longrightarrow H_2O_2$），$\gamma$ 射线作用下的 G_{H2O2} 为 0.68。水中还原剂浓度增高（如加入氢），会导致 OH 的浓度减少，由此引起 H_2O_2 产额降低；相反，当 LET 值增大引起 OH 的浓度增加时，H_2O_2 的产额随之提高。

H_2O_2 水溶液俗称双氧水，它可以通过自氧化还原反应（$H_2O_2 \longrightarrow H_2O + 1/2O_2$）分解放出氧，反应随温度和 pH 值的增加而加快，金属离子的催化作用也会加剧 H_2O_2 的分解，这是水辐解产生游离氧的另一原因。

5）影响水辐照分解的因素。水的辐照分解以及辐解产物产额受 LET 值、剂量率、辐照时间、温度、pH 值和溶液成分等因素的影响。

a. 杂质的影响。一方面，辐照分解速度随冷却剂中离子杂质浓度的增加而加快，因此必须严格控制冷却剂品质，以减少辐照分解；另一方面，系统中的氧化或还原性杂质，可以和初级还原性或氧化性辐解产物相互作用。如用 S 代表杂质，R 代表初级辐解产物，P 代表反应生成物，则有：

$$S + R \longrightarrow P$$

当 S 浓度增加时，G_P 也随之增加，这就大大减少了初级辐解产物相互反应生成次级产物的机会。

由于杂质对水辐解产物的影响十分显著，所以可以通过引进某种溶质的办法来达到控制某种辐解产物产额的目的。

b. pH 值的影响。因为水辐解产生的一些自由基能和 H^+ 或 OH^- 发生反应，如：$e_{水合} + H^+ \xrightarrow{H_2O} H + H_2O$、$OH + OH^- \longrightarrow O^- + H_2O$，所以 H^+、OH^- 离子浓度的变化（即 pH 值变化）会引起自由基浓度的改变，影响分子辐解产物的产额。但 pH 值超过 4 时，其影响可忽略不计。

c. LET 值和辐射剂量的影响。LET 值是影响辐照分解产物产额的重要因素，LET 值越大，产物之间相互作用的可能性就越大。因为在高 LET 值下，产物之间的距离短，导致辐照分解的分子产物产额增加和自由基产额减少。但只有辐射剂量达到较高数值时，才对辐解产物产额有明显影响。在具有高 LET 值的射线作用下，冷却剂辐解产物产额随射线剂量的增大呈直线上升趋势。如当辐射剂量达到 $2 \times 10^{23} eV/(cm^3 \cdot s)$ 时，$G_{H2} \approx G_{H2O2} \approx 1.2$，而一般 γ 射线引起的 $G_{H2} \approx 0.45$。在压水堆冷却剂的辐射剂量水平下，G_{H2} 和 G_{H2O2} 均有明显提高。

d. 温度和压力的影响。温度升高将加快初始辐解产物向水体的扩散，从而减少生成分子产物的机会。压力对辐照分解的影响是微弱的,当压力低于 640MPa 时,其影响可以忽略。

6) 冷却剂(轻水)辐照分解的后果。在中子辐照下冷却剂会发生不明显的辐照分解,虽然此时冷却剂的物理化学性能并无明显变化,但辐照分解会带来一定的不良后果,这种后果表现在以下三个方面。

　　a. 辐照分解产物对回路结构材料的耐腐蚀性产生不良影响;

　　b. 当辐照分解的气体产物氢和氧的浓度达到某一危险值时可能发生爆炸;

　　c. 辐照分解的气体产物对传热和反应堆的反应性产生不良影响。

无论在沸水堆中,还是在压水堆中,冷却剂辐照分解产物中以氧对反应堆结构材料的影响最为明显,因为氧是引起奥氏体钢晶间应力腐蚀破裂的重要因素之一,在辐射条件下会明显加速锆合金的腐蚀。

因此,必须抑制冷却剂的辐照分解。

(2) 加氢(或氨、联胺)抑制水的辐照分解、进一步降低水中氧含量。与水中溶解氧的情况相反,水中的初始氢可以增加水的复合率,抑制水的辐照分解,降低辐照分解产物 H_2 O_2 和 O_2 的生成量,而且 H_2 和 O_2 的复合反应的 G 值随温度升高而增大,只要加入少量氢就能使高温水中 H_2O_2 和 O_2 的浓度降低到难以测出的水平,即使是水中加硼,使 LET 值增加时也是如此。相反,如果溶液中加入 H_2O_2,水的辐照分解将加剧。如向硼酸水溶液中分别引入 H_2 和 H_2O_2,测定 H_2 的产生率发现,随着加入的 H_2 浓度提高,发生水的辐照分解(即辐照分解产生氢)的阈值越高;当加入的 H_2 浓度达到 $640\mu mol/L$,相当于每升水中含有 14mL 的 H_2〔标准温压(standard temperature and pressure,STP)〕时,即使硼酸浓度达到 0.14mol/L,也没有辐照分解氢产生,即可抑制含硼水的辐照分解。为留有余地,防止氢的泄漏损失,通常将加氢的浓度控制在每升水中含有 25~40mL H_2(STP),相当于室温下氢分压为 1.01×10^5~2.02×10^5 Pa 时水中氢的饱和溶解度,这是在压水堆中采用的使氢保持过压以有效抑制水的辐照分解的办法。

加氢不仅能抑制水的辐照分解,还能消除水中的游离氧。如向冷却剂中同时引入 H_2 和 O_2,它们会很快在辐照作用下合成水。加氢也会使氧化性辐照分解产物 H_2O_2 重新转化成水。试验表明,在辐照下往含有 H_2O_2 的水中〔剂量率为 5.53×10^{17} eV/(g·min)〕不断鼓入氢气,并测定 H_2O_2 的浓度变化,10min 后 H_2O_2 的浓度由 $650\mu mol/L$ 降到 0。

综上所述,加氢能降低辐照分解产物氢的生成率,从而有效抑制水的辐照分解,降低氧化性辐照分解产物(O_2 和 H_2O_2)的浓度,甚至消除水中的游离氧,从而大大减少冷却剂对结构材料的腐蚀。

加氢通常是在一回路化学和容积控制系统的容积控制箱中完成的,采取向该箱体内充入氢气并保持 1~2 个大气压。箱中的水为氢气所饱和,并不断注入主回路。经过一段时间后,整个回路的水都将和容积控制箱的气相氢达到平衡。有一部分氢将逸出到稳压器空间,逐渐积累,直至氢气分压与容积控制箱气相氢压力相适应。

对于压水堆,抑制冷却剂辐照分解的方法除了向冷却剂中加氢外,也可加氨或联胺。从经济角度来说,加氨优于加氢,原因是:一方面压水堆一回路冷却剂需要提高 pH 值、加氨可以提高 pH 值;另一方面在冷却剂中加入氨后,氨会分解产生氢(2NH$_3$⇌3H$_2$+N$_2$)起到抑制水的辐照分解的作用,但同时产生的氮在辐照作用下可能会形成硝酸(2H$_2$O+

$5O_2 + 2N_2 \xrightarrow{ww} 4HNO_3$），使冷却剂的 pH 值下降，从而加剧结构材料的腐蚀。

加联胺，其抑制冷却剂辐照分解的原理基本上与加氨相似，因为联氨的分解产物中有 H_2。

（二）提高和控制一回路冷却剂 pH 值

1. 提高和控制一回路水 pH 值的作用

（1）碱性水质对结构材料的腐蚀有抑制作用，如中性水质下不锈钢的腐蚀速度，较之碱性水质（10^{-4}mol LiOH）下大 3 倍。碱性水质对结构材料的腐蚀有抑制作用，原因如下：

1）不锈钢或镍基合金在高温水或蒸汽长期作用下，表面会生成一层具有保护作用的尖晶石型氧化膜，提高冷却剂的 pH 值可以促使这层膜更加迅速形成；

2）金属表面对 OH^- 有一定吸附作用，OH^- 浓度越高，吸附量越大，当 pH 值高达一定数值时，吸附的 OH^- 能阻止其他物质同金属表面发生作用。例如，当 pH 值由 10 增加到 11 时，铁表面吸附的 SO_4^{2-} 减少 90% 以上。

（2）pH 值对腐蚀产物的运动有控制作用。如果能减少或防止回路中腐蚀产物向堆芯转移，使其免于活化，不但可减少腐蚀产物在燃料元件表面的沉积，维持堆芯良好的传热条件，而且可大大降低停堆后一回路的辐射水平，便于检修。提高冷却剂的 pH 值，有助于达到上述目的，因为在含有氢气的溶液中，腐蚀产物如 Fe^{2+} 的溶解度与溶液的 pH 值和温度密切相关。

在酸性和弱碱性溶液中，Fe^{2+} 在 77℃ 具有最高溶解度，而后随温度上升，溶解度迅速降低，这样，酸性或弱碱性溶液中腐蚀产物会从冷表面（蒸汽发生器换热管壁）上溶解，在热表面（燃料元件包壳）上沉积。

相反，在碱性介质中，Fe^{2+} 的溶解度在某一温度下有最小值，pH 值越高，相应的最小溶解度温度越低，随后 Fe^{2+} 的溶解度随温度升高而迅速增加，这样，在高 pH 值碱性溶液中，腐蚀产物将从系统较热表面上溶解，并转移到较冷表面上沉积下来。也就是说，维持冷却剂的高 pH 值，不仅能防止堆芯外回路腐蚀产物向堆芯转移，而且还能使堆芯沉积的腐蚀产物迁移出去。

杨基反应堆一回路结构材料在含硼冷却剂（温度 316℃、压力 12.4~12.8MPa、流速为 11~12m/s、硼浓度为 $1.59 \times 10^3 \sim 3 \times 10^3$ mg/L）中的试验结果表明，加入少量 LiOH（Li≈1mg/L）后，不锈钢和 Zr-2 合金等材料的腐蚀速度大为减小；pH 值提高到 9.5~10.5 以后，原来中性水质下长期沉积在燃料元件表面的腐蚀产物逐渐消失。而该堆在加氨碱性水质下启动时，蒸汽发生器管板处 γ 辐射剂量达到 0.5Sv/h，后改纯硼酸溶液（低 pH 值水）运行三个月后，同一处 γ 辐射剂量率降低到 5×10^{-2}Sv/h，即高 pH 值条件下沉积在蒸汽发生器中的腐蚀产物，随着 pH 值降低已移向堆芯。杨基反应堆的实践从正反两方面证实了 pH 值对控制腐蚀产物迁移的作用。

所以，碱性水质不仅能减少结构材料腐蚀，而且能够减少腐蚀产物向堆芯的转移以及腐蚀产物活化。但是，在反应堆实际运行中，冷却剂碱性不宜太高，否则会危及锆合金。如非挥发性强碱浓度超过 10^{-2}mol/L（pH=12）时，对锆合金的腐蚀有不利影响；而且过高的碱性还会引起不锈钢或镍基合金的苛性腐蚀，特别是在泡核沸腾情况下，非挥发性强碱易在堆芯构件缝隙处浓集，更需限制其浓度。

2. 提高和控制冷却剂 pH 值的方法

为提高和控制冷却剂 pH 值，需向水中引入一定量碱（pH 调节剂），通过注入法和离子交换法实现。

注入法，即定量向冷却剂中加入 pH 调节剂，是最常用也是最简单的提高 pH 值的方法。

离子交换法是通过将冷却剂净化回路中混合离子交换器的阳树脂转换成 pH 调节剂的形式实现的。如用 LiOH 作为 pH 调节剂，就需将阳树脂转换成 Li 型（即以 Li^+ 作为交换离子），当冷却剂流过时，其中杂质离子与 Li^+ 发生交换作用，使流出液中 LiOH 浓度增加。

即使采用注入法，一般情况下也需将阳离子交换树脂转为 pH 调节剂的型式，否则冷却剂中的 pH 调节剂会被阳树脂除去。

注入法对 pH 值的调节比较灵活有效，使用范围也广，离子交换法则差些，特别是用氨水作为 pH 调节剂时，若仅依靠 NH_4 型树脂的交换作用，一般只能使 pH 值达到 9 左右。

3. 一回路水 pH 调节剂

(1) 良好的一回路水 pH 调节剂应具备的条件：

1) 有效的 pH 值提高和控制能力；

2) 良好的核性能，即不产生或很少产生感生放射性，对冷却剂的物理特性无不利影响；

3) 稳定的化学特性，不与结构材料或冷却剂中其他成分发生不利作用；

4) 价格便宜，来源充足。

(2) 可供选择的一回路 pH 调节剂。

1) 钠、钾、铷和铯的氢氧化物。这几种碱金属氢氧化物均系强碱，但目前在压水堆中极少应用，原因如下。

a. 天然钠由 100% 的 ^{23}Na 组成，它的热中子吸收截面为 505b，和中子反应生成 ^{24}Na。^{24}Na 是一种很强的 γ 辐射体，γ 能量为 2～4MeV，半衰期为 15h。因此，添加 NaOH 会给冷却剂带来很强的感生放射性。

b. 天然钾的同位素组成为 93.08% ^{39}K、0.01% ^{40}K 和 6.91% ^{41}K。其中 ^{41}K（σ=0.95b）与中子反应生成的 ^{42}K 也是一种强 γ 辐射体（γ 射线能量为 1.51MeV，半衰期为 9.2h），因此其核性能也不理想。

但苏联、东欧等国家的 VVER 和我国田湾核电站采用氨水和氢氧化钾作为 pH 调节剂。欧美只有为数不多的早期反应堆曾用它作为 pH 调节剂，现已极少使用。

c. 铷和铯的氢氧化物在压水堆中未应用过，其原因除了感生放射性外，主要还在于它们很稀缺，不宜作为 pH 调节剂这种消耗型材料使用。

2) 氢氧化锂。天然锂的氢氧化物作为 pH 调节剂也是不合适的。因为在天然锂中含有 7.52% 的 ^6Li、92.48% 的 ^7Li；^6Li 的热中子吸收截面（950b）很大，其中子反应生成大量的氚；氚是 β 辐射体，其 β 射线能量虽低（平均约为 5.964keV），但半衰期（12.4a）相当长，在冷却剂中，由于同位素交换作用，几乎 99% 以上的氚以氚水（HTO）形式存在，难以用一般方法分离和除去，给堆的运行、维护、三废处理以及环境保护带来不利影响。为了减少氚的产生，必须用高纯度 ^7Li 的氢氧化物作为 pH 调节剂。

由于军用 ^6Li 需要，有些国家掌握了锂同位素分离技术，并进行工业生产，这就为 ^7Li 的使用创造了先决条件。美国希平港核电站压水堆自 1960 年 12 月起，用高纯 ^7Li

（99.99％）代替了原来的天然锂作为 pH 调节剂，使冷却剂中氚的放射性活度由 10.36×10^6 Bq/L 减少到 7.4×10^4 Bq/L。

a. Li 作为 pH 调节剂的优点。

a）提高和控制 pH 值主要靠 ^{7}Li，相当数量的 ^{7}Li 可由冷却剂中的硼直接形成，不引起额外的核素。

在用硼酸作为反应性补偿控制的冷却剂中，^{10}B 的中子反应（$^{10}B + ^1_0n \rightarrow {}^7Li + ^4_2He$），会产生 ^{7}Li，反应速度正比于单位冷却剂体积中靶核密度（硼浓度）与中子注量率的乘积，中子注量率又与反应堆功率成正比。计算表明，对于一个热功率为 2750MW 的反应堆，冷却剂中硼浓度为 1080mg/L 时，其中 ^{7}Li 浓度增值可达 $106\mu g$/（L·d）。如冷却剂容积以 250m^3 计，则每天将产生 25 g ^{7}Li。在堆芯寿期内，冷却剂硼浓度是呈直线减少的，故可取该值的一半（12.5g）作为 ^{7}Li 的日平均生产量。反应堆运行初期，一个月之内 ^{7}Li 的净浓度增值 [30d×106μg/（L·d）＝3180 μg/L＝3.18mg/L] 即能达到 ^{7}Li 的允许浓度。以一年运行 300d 计，一个反应堆每年能产生 3.75 kg ^{7}Li，几乎相当于总消耗量的 1/4～1/3。在反应堆运行过程中只要充分利用此增值，^{7}Li 的添加量就可大大减少。据美国两座核电站的报道，当冷却剂中硼浓度为 1600mg/L 时，每天 ^{7}Li 浓度的增值为 100μg/L。因此，应设法充分利用堆内自生的 ^{7}Li，以减少昂贵的高纯 ^{7}Li 添加量。如运行前将 H 型阳树脂（而不是 ^{7}Li 型阳树脂）装入冷却剂循环净化回路的混合离子交换器中，在运行初期，随着 ^{10}B（n, α）^{7}Li 反应的进行，树脂将逐渐被 ^{7}Li 饱和（转化为 ^{7}Li 型树脂）；到运行后期，由于冷却剂中硼浓度很低，自生的 ^{7}Li 量不足，当冷却剂通过混合床时，水中其他阳离子杂质会将树脂上的 ^{7}Li$^+$ 交换下来、进入到冷却剂中起到 pH 调节作用，从而可以大大减少 ^{7}Li 的添加量。

为防止冷却剂中 ^{7}Li 浓度超过允许标准，冷却剂循环净化回路中设有 H 型阳床（简称除 Li 床），必要时使净化流通过，除去多余的 ^{7}Li。

b）^{7}Li 的化学活性高，pH 调节能力强。

c）^{7}Li 的中子吸收截面（0.039b）小，一般不产生感生放射性。

d）腐蚀性小，会在一些主要结构材料表面形成稳定的保护膜。不锈钢发生苛性应力腐蚀破裂的概率，依所用碱排列为 NaOH>KOH>LiOH，对于锆合金也有同样的规律。

e）对冷却剂净化有利。使用任一种碱作为 pH 调节剂，都必须将冷却剂循环净化回路的阳离子交换树脂转换成该种碱离子的型式。就碱离子型树脂比较，冷却剂中各种金属离子在锂型树脂上最易被阻留，即 ^{7}Li 型树脂对冷却剂的净化效果最好，因为阳离子交换树脂在常温、低浓度水溶液中对 Li$^+$ 的选择性比常见阳离子的小。

基于上述种种优点，世界上大多数压水堆，特别是西方国家的压水堆几乎都用高纯 ^{7}Li 的氢氧化物作 pH 调节剂。

b. ^{7}Li 作为 pH 调节剂的缺点：

a）作为 pH 调节剂的 Li，必须是很纯的 ^{7}Li（99.9％以上）。

b）^{7}Li 价格贵，不易得到。

c）冷却剂泡核沸腾时，氢氧化锂局部浓缩会造成结构材料苛性腐蚀。

与 NaOH、KOH 和 NH$_4$OH 等 pH 调节剂相比，LiOH 对锆合金的腐蚀作用更强。试验表明，冷却剂 pH 值为 10 时，LiOH 在燃料组件缝隙处的浓缩可能加速锆-2 合金的腐蚀。

c. LiOH 的溶解度。总体说来，LiOH 的溶解度有限，在 116～249℃温度范围内还会随温度上升溶解度减少，但都在 12g/100g H_2O 以上，调节冷却剂的 pH 值绰绰有余，不用担心 LiOH 析出，也不用担心 LiOH 和 H_3BO_3 生成的偏硼酸锂析出（因为冷却剂中允许的锂浓度上限很低，一般不超过 3.5mg/L，生成的偏硼酸锂更少）。

d. LiOH 水溶液的摩尔电导率与温度的关系。试验测得低浓度（0.73～1.5mmol/L）LiOH 水溶液的摩尔电导率，在一定温度范围（40～315℃）内，随温度升高而增大。

e. LiOH 在水中的电离常数和 LiOH 水溶液的 pH 值。室温下 LiOH 在水中的电离常数为 0.12，比 NH_4OH 的大得多，比 NaOH、KOH 的小，NaOH 几乎电离，KOH 完全电离。

在 40～300℃ 温度范围内，LiOH 的电离常数基本上是随温度升高而减小，尽管其中略有波动，温度越高时电离常数随温度变化的幅度越小。

f. 部分电离的碱溶液的 pH 值计算。在只含一种部分电离的碱的水溶液中，有下列电离平衡方程和电荷平衡方程：

$$K_水 = [H^+][OH^-] \qquad\qquad K_碱 = [M^+][OH^-]/[MOH]$$
$$[OH^-] = [M^+]+[H^+] \qquad\qquad [M^+] = \alpha C \qquad [MOH] = C(1-\alpha)$$

式中：$[M^+]$ 为碱性阳离子浓度；$[MOH]$ 为未电离碱的浓度；C 为碱的总浓度；α 为碱的电离度。

由上述方程可得：

$$\alpha = K_碱/(K_碱 + K_水/[H^+]) = (K_水 - [H^+]^2)/C[H^+]$$
$$K_碱[H^+]^3 + (K_水 + K_碱 C)[H^+]^2 - K_水 K_碱[H^+] = K_水^2$$

将不同温度下的 $K_水$、$K_碱$ 和 C 值代入上式，即可求得相应温度下溶液的 pH 值。

图 4-8 为用上述方法计算所得的 LiOH 溶液 pH 值随温度的变化曲线。

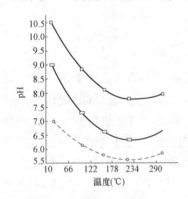

图 4-8　LiOH 溶液及纯水的
pH 值随温度的变化曲线

○—H_2O；□—LiOH（上曲线锂为
2.50mg/L，下曲线锂为 0.2mg/L）

由图 4-8 可知，在通常的冷却剂运行温度和 pH 添加剂下，LiOH 溶液的 pH 值比纯水的高 1.5～2.0。

g. LiOH-H_3BO_3 水溶液的 pH 值。LiOH-H_3BO_3 水溶液 pH 值的计算公式虽然也可以根据化学平衡、电离平衡和电荷平衡、物料平衡方程推导出来，但很复杂，这里不赘述，有兴趣的同学可以自己推导。核电站一般都是给定一系列 LiOH 的浓度（冷却剂中允许的 LiOH 浓度），代入 25℃ 或 300℃ 的常数，计算出给定 LiOH 浓度水溶液的 pH 值和 H_3BO_3 浓度的关系并绘制成曲线图（25℃ 或 300℃），然后判断 LiOH 浓度或 pH 值控制得合不合适、LiOH 浓度或 pH 值需不需要调整。如根据测得的冷却剂中 H_3BO_3 浓度和 LiOH 浓度，查 300℃ 下给定 LiOH 浓度水溶液的 pH 值和 H_3BO_3 浓度关系曲线，确定需要控制的 300℃ 冷却剂 pH 值合不合乎要求；或根据测得的冷却剂中 H_3BO_3 浓度和需要控制的 pH 值范围（25℃ 或 300℃ 的），查 LiOH 水溶液的 pH 值和 H_3BO_3 浓度的关系曲线图确定 LiOH 的允许浓度范围。

h. ^{7}Li 的回收。反应堆运行过程中，当冷却剂中锂含量过高时，用冷却剂循环净化回路中除锂床除去多余的锂（包括添加的，回路中自生的和从混床上置换下来的）。反应堆排水时，可使冷却剂先经混床再经除锂床（H 型），以收集其中的 ^7Li。也就是说进入一回路的 ^7Li 最终都集中在两个离子交换器（混合离子交换器和除锂离子交换器）中。

高纯 ^7Li 是一种较为贵重和难得的材料，如果这些吸附的 ^7Li 能够回收使用，则借助堆内自生 ^7Li 的补充，可以做到在最初投入一定数量的 ^7Li 后，无须再另外添加高纯 ^7Li。所以 ^7Li 的回收很重要。但要注意，离子交换树脂吸附的碱金属，除锂外，还有铯、锶、镍、铬、铁等裂变产物和腐蚀产物，所以回收 ^7Li 的同时要将 ^7Li 与铯、锶、镍、铬、铁等分开。

可以采用的回收 ^7Li 的方法是，用稀硝酸以适当流速淋洗已饱和的树脂床，绝大部分 Li 淋洗下来的同时，会有少量铯随之流出，Sr、Ni 等高价金属离子可以基本上被分离；使淋洗液再次通过另一阳离子交换树脂分离柱，树脂的色层分离作用能把 Li 和 Cs 彻底分开；收集上述 $LiNO_3$ 淋洗液，蒸浓并用甲醛脱硝，然后用电渗析工艺将其转化成 $LiOH$。因为已经过分离柱再次去污，得到的 $LiOH$ 的放射性大为减弱。这种回收方法已由试验证实完全可行，^7Li 回收率可达 90％以上，放射性去污系数高达 10^4。反应堆冷却剂循环净化回路的混合离子交换器或除锂离子交换器均有备用设备，可作为分离柱使用，用这种回收方法无须再增加其他离子交换装置。稀硝酸淋洗液体积不大，浓缩后体积更小，将 $LiNO_3$ 转化为 $LiOH$ 的电渗析设备的体积也不大。总之，用上述方法回收 ^7Li 较同位素分离法生产高纯 ^7Li 便宜，特别当 ^7Li 供用短缺时，更为可取，操作也较为方便。

3）氨水。氨在常温常压下是一种有刺激性气味的无色气体，在常温下加压，很容易液化。液态氨称为液氨，沸点为 $-33.4℃$。氨极易溶于水，在 $20℃$、$1.01×10^5 Pa$ 压力下，1 体积水能溶解 700 体积的氨，其水溶液称为氨水。一般市售氨水的密度为 $0.91g/cm^3$，含氨量约 28％。

a. 氨水的电离常数及其与温度的关系。部分溶解的氨和水作用生成氢氧化铵，氢氧化铵系弱碱、部分电离：$NH_3 + H_2O \rightleftharpoons NH_3 \cdot H_2O \rightleftharpoons NH_4^+ + OH^-$，电离常数随温度升高而减小，如 49、116、204、293℃ 的电离常数分别为 $20.8 × 10^{-6}$、$11.5 × 10^{-6}$、$2.82 × 10^{-6}$、$0.24 × 10^{-6}$。

b. 氨水溶液的电导率。水溶液中氨的浓度为 $4.73 \sim 93.08$ mmol /L 时，溶液的摩尔电导率随氨的浓度增大而减小，原因是浓度越高、单个离子的活性越小，因而电导率越小；在 $10 \sim 300℃$ 温度范围内，溶液的摩尔电导率在温度为 $100 \sim 150℃$ 时最大，原因是温度升高，一方面单个离子的活性增大，另一方面氨水的电离常数减小，电离出来的离子数量减少。

c. 氨水溶液的 pH 值及其与温度的关系。氨水溶液的 pH 值可实际测定（如 25℃ 的），也可推导出公式计算。一方面氨水溶液的 pH 值随氨浓度升高而增大，另一方面氨水溶液的 pH 值升高到一定值后再升高需要的氨浓度很高，如 25℃ 时 pH 值升高到 9.5 需要的氨浓度是约 1mg/L，而升高到 10.0 需要的氨浓度是约 7mg/L。

图 4-9 是氨水溶液的 pH 值随温度的变化曲线。

由图 4-9 可知，在通常的冷却剂运行温度和 pH 添加剂下，氨水溶液的 pH 值比纯水的仅高出 0.5，不如 LiOH，可见 LiOH 能更有效地控制冷却剂的 pH 值。

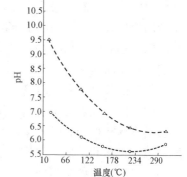

图 4-9　氨水溶液的 pH 值
随温度的变化曲线
○—H_2O；△—$NH_4 \cdot OH$

　　d. 氨的络合作用。氨是一种络合剂，能与多种离子形成络合物。在冷却剂无氧情况下，氨与纯铁不发生作用，铁离子主要发生水合作用。但若有氧存在，且回路中又没有比铁更强的络合物离子时，氨能与铁形成不稳定络合物。若此种络合物进入堆芯，则它会在高温和强辐射作用下发生分解，致使铁的氧化物在燃料元件表面沉积。因此使用氨作为 pH 控制剂时，必须尽可能地除去冷却剂中的氧；当然，氨辐照分解产生的氢有抑制氧的作用，这在一定程度上抑制了络合物的形成。

　　e. 氨水作为 pH 调节剂的优点。

　　a）一般不产生感生放射性。

　　b）作为一种挥发性碱，一般不会在堆芯缝隙处浓缩而造成金属材料的苛性腐蚀。试验表明，在 360℃ 水中，氢氧化铵浓度即使达到 11.5mol/L，对 Zr-2 合金也无不利影响。

　　c）氨辐照分解产生的氢能抑制水的分解，降低冷却剂中游离氧的浓度。

　　在冷却剂中的氨能被辐照分解为 H_2 和 N_2，溶解于冷却剂中的 H_2 和 N_2 也能在辐照作用下合成氨。有研究表明，氨的合成与分解均正比于水中吸收的辐射能，而后者又正比于堆功率，但当堆功率超过某一限度后，冷却剂中氨浓度与堆功率无关。氨浓度不随功率变化，是它能够作为 pH 控制剂的先决条件之一。

　　氨分解产生的 H_2 和 N_2，将逐渐在冷却剂中积累，其中 H_2 有抑制水辐照分解以及抑制氧的作用，因此冷却剂中无须另外加氢，补给水也无须除氧。

　　氨还能够有效抑制硝酸根的产生。

　　d）价格低廉，来源广。

　　f. 氨水作为 pH 调节剂的缺点如下：

　　a）碱性较弱，所需添加的量较多；

　　b）在辐射作用下，NH_3 会发生分解，生成 N_2 和 H_2，需不断添加氨水以弥补其损失。

同时，冷却剂中会因氨分解而使气体含量过高产生一些问题，例如：

　　a）可能引起泵的空泡效应；

　　b）气体可能在压力壳顶部控制棒套管中累积，使控制棒与套管间失去水的润滑；

　　c）稳压器中积累过多的不凝性气体，会影响稳压效果，因此要求不断对冷却剂除气，以使气体含量不超过允许数值，导致运行比较复杂。

　　综上所述，虽然氨会给运行带来一些麻烦，但氨水作为 pH 调节剂还是满意的，而且避免了使用价格较贵且会局部浓缩的 LiOH，只是运行过程中一定要保证氨的添加量足够（使 pH 值维持在规定的范围内），并应严格控制冷却剂中的气体含量。

　　三、加锌防腐蚀

　　国外有的核电站向一回路冷却剂注入浓度为 5～35μg/L 的 Zn，期望减少镍和钴释放到冷却剂中，因为锌能使不锈钢、因科镍-600 和 690 表面的尖晶石氧化物稳定、腐蚀速度降低、尖晶石新获得的钴最小化，并期望置换从堆芯释放到一回路冷却剂中的 [60]Co 和 [58]Co，减少燃料包壳表面的杂质，间接地达到降低辐射场水平和保护堆芯材料的目的。冷却剂中加锌，如果只是为了控制剂量率，一般加 5～10μg/L 锌；如果还要抑制一回路应力腐蚀破裂，则加锌 15～40μg/L。

　　四、锆合金的腐蚀与防护

　　锆合金的热中子吸收截面小，在高温高压水中的耐蚀性能好，且具有足够的高温强度。

因此，它是核反应堆中应用最广泛的核燃料元件包壳材料。

（一）锆的性质

锆是周期表第Ⅳ族的副族元素，是一种非常活泼的金属，但由于金属表面氧化膜的保护作用，它具有良好的抗腐蚀性能。锆的热中子吸收截面很小，为 $0.18\times10^{-28}\,m^2$，远比不锈钢的小。锆有 α 锆和 β 锆两种晶体结构，862℃以下为稳定的密集六方结构 α 锆；862℃以上为体心立方结构 β 锆。锆发生相变的温度受杂质影响较大，大多数元素可降低其相变温度，而杂质锡、铪、铝、碳、氧、氮会提高其相变温度。锆的热导率仅为铜的 4% 左右，和不锈钢相近。表 4-6 为锆的主要物理性能。

表 4-6　　　　　　　　　　锆 的 主 要 物 理 性 能

晶型	α（862℃以下）密集六方结构	热中子吸收截面（$\times10^{-28}\,m^2$）	0.18
	β（862℃以上）体心立方结构	熔点（℃）	1852
晶格常数（Å）	α $a=3.23$ $c=5.14$	沸点（℃）	3582
	β $a=3.61$	热膨胀系数（1/℃）	4.9×10^{-6}
密度（g/cm³）	6.5	热导率 [J/（cm·s·℃）]	0.16

锆在中子辐照下易发生脆裂，因为它对氮、氧有很强的亲和力。添加少量的合金元素能大大改善锆的性能，因此，在水冷反应堆中，广泛应用锆锡合金和锆铌合金。

锆锡合金主要有锆-2 和锆-4 两种。锆-2 合金是在海绵锆中按质量百分比加入 1.5% 锡、0.14% 铁、0.09% 铬、0.05% 镍。合金中的锡可抵消氮的有害作用，合金元素铁、镍、铬都能有效提高锆锡合金的耐蚀性。但锆-2 合金的吸氢作用很强，腐蚀过程中产生的氢几乎 100% 被它吸收，以致容易发生氢脆。合金中的镍是造成吸氢量大的主要元素，为此研制了锆-4 合金。它与锆-2 合金的区别是镍元素的含量大大降低，加入了等量的铁作补偿。锆-4 合金降低了锆锡合金的吸氢性能（其吸氢量仅为锆-2 合金的 1/3～1/2），但其耐氧化性能及其他性能均与锆-2 相当。所以，锆-4 合金已被广泛用作水冷堆燃料元件的包壳材料。

锆铌合金在苏联和东欧国家被广泛采用，它的核性能与锆锡合金相似，但耐蚀性能稍差，吸氢量小，强度较高。一些锆铌合金的成分已在表 4-7 中列出。

表 4-7　　　　　　　　　　一 些 锆 合 金 的 成 分

合金	Sn	Fe	Cr	Ni	Nb	应用
Zr-1Nb	—				1.0	苏联反应堆燃料包壳
Zr-2.5Nb	—				2.5	苏联和加拿大反应堆（压力管）
Zr-3Nb-1Sn	1.0				2.8	德国试验合金
奥塞尼特0.5	0.2	0.1		0.1	0.1	苏联试验合金
Zr-2	1.5	0.14	0.09	0.05	—	沸水堆
Zr-4	1.3	0.22	0.10	—	—	压水堆

（二）锆合金的高温氧化腐蚀与成膜保护

1. 锆合金的高温氧化动力学

锆合金在高温水或蒸汽中会由于高温氧化而腐蚀，但同时生成氧化膜减轻腐蚀，反应

式为

$$Zr+2H_2O \rightarrow ZrO_2+2H_2$$

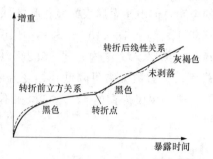

图 4-10 Zr-2 和 Zr-4 合金的腐蚀动力
学曲线示意（在 200~400℃水和蒸汽中）

起初反应非常缓慢，当氧化膜增加到一定厚度时，腐蚀速度突然增加。图 4-10 为 Zr-2 和 Zr-4 合金的腐蚀动力学曲线，图中虚线表示单个样品的试验结果，实线是工程近似曲线。腐蚀突然加快的一点称为转折点，在转折点以前，氧化膜呈黑色并紧贴在金属表面，具有光泽。氧化膜生长到增重为 30~40mg/dm² 时，腐蚀速度与时间的关系近似于立方规律。在转折点以后，动力学规律开始变为线性，但氧化膜仍然呈黑色并具有光泽。转折后经过长期腐蚀，膜的颜色由黑色变为均匀的灰褐色，仍然牢固黏附在基体金属上。锆锡合金腐蚀后膜呈黑色或灰褐色，这可能是由于氧含量不同所造成的。

锆锡合金在水和水蒸气中的腐蚀或耐蚀性能可用腐蚀增重与时间变化关系来说明，这是由于在腐蚀过程中能生成致密黏着的氧化膜，即使在转折点以后的较长时间内，这层膜仍不脱落。腐蚀增重与时间变化的关系可用图 4-11 表示，也可用实验中归纳的公式表示。

在工程上，常用近似的工程方程表示，即转折点前不同温度下的腐蚀数据可归纳成方程

$$\Delta W^3 = K_c t$$

式中：ΔW 为单位面积的增重，mg/dm^2；K_c 为立方速度常数；t 为腐蚀时间，d。

同样，转折后不同温度下的腐蚀数据可归纳成方程

$$\Delta W = K_L t$$

式中：K_L 为线性速度常数。

K_c、K_L 可由综合实验数据求得。

图 4-12 是工程腐蚀速度常数与温度 T 的关系，用最小二乘法拟合，可得下述方程

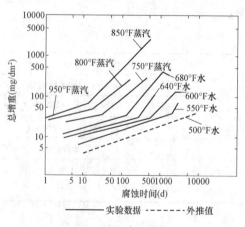

图 4-11 锆-2 合金在高温水（或蒸汽）中
的腐蚀

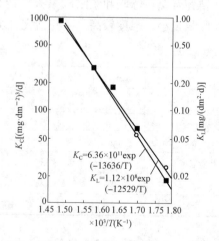

$K_c=6.36\times10^{11}\exp(-13636/T)$

$K_L=1.12\times10^8\exp(-12529/T)$

图 4-12 Zr-2 和 Zr-4 合金的工程腐蚀
速度常数与温度的关系

转折点前：　　　　　　$\Delta W^3 = 6.36 \times 10^{11} \exp(-13636/T) \, t$

转折点后：　　　　　　$\Delta W = 1.12 \times 10^8 \exp(-12529/T) \, t$

当处在转折点时（$t = t_\tau$），上述两式相等，从而可得转折时的增重 ΔW_t 和达到转折的时间 t_τ

$$\Delta W_t = 7.53 \times 10 \exp(-553.6/T)$$

$$t_\tau = 6.73 \times 10^{-7} \exp(+11975/T)$$

一般转折前的腐蚀量较小，因此可根据转折后的线性腐蚀速度评定其腐蚀或耐蚀性能。

2. 影响锆合金腐蚀的因素

（1）温度。由图 4-11 可知，冷却剂温度越高，发生转折越早，转折后的腐蚀速度也越高。特别是在高温条件下，温度稍有升高，达到转折点的时间可大大提前，转折后的腐蚀速度也会成倍增加，因此，当前锆合金包壳元件的壁面温度被限制在 350℃以下。在这一温度下，锆合金达到转折点的时间为 190d，而燃料在堆内的辐照时间一般要延续 1000d 左右，所以锆合金在堆内的大部分时间是处在转折点后的腐蚀状态。

（2）冷却剂水质。冷却剂中含有的 LiOH（或 KOH）、氢、氟化物等对锆合金的腐蚀均有一定影响。

碱性溶液对锆合金腐蚀影响较大。通常，碱浓度越高，锆合金腐蚀速度也越大，且 LiOH 对锆合金的腐蚀较 KOH 明显。图 4-13 为锆合金在 LiOH 溶液中的腐蚀增重与 LiOH 浓度的关系。从图中可以看出，当 LiOH 浓度超过 1000mg/L 时，腐蚀速度显著增加。可用下述关系式描述溶液中 Li^+ 浓度对锆合金腐蚀的影响：

$$R/R_0 = 1 + 13 \, [Li^+]$$

式中：R 为锆合金在 LiOH 溶液中的腐蚀速度；R_0 为锆合金在纯水中的腐蚀速度；$[Li^+]$ 为 Li^+ 的浓度。

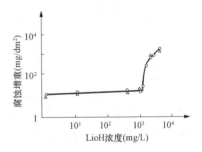

图 4-13　锆合金在 LiOH 溶液中的腐蚀增重与 LiOH 浓度的关系
○—锆-2；△—锆-4

LiOH 在堆内构件缝隙处浓缩时，会造成锆合金的局部腐蚀。试验表明，在 360℃的水溶液中，NH_4OH 浓度为 11.5mol/L 时，锆合金的腐蚀不明显。若用 LiOH 将溶液 pH 调节至 10，因泡核沸腾引起 LiOH 在缝隙处浓缩，锆合金的腐蚀大大加速。

在卤素元素中，氟对锆合金的腐蚀作用最明显。当水溶液中氟含量超过 2mg/L 时，锆合金就会遭受腐蚀破坏。反应堆冷却剂中有时会出现微量的氟，这可能来自如聚四氟乙烯等密封材料，也可能是燃料元件制造厂对元件包壳表面进行氢氟酸处理时没有冲洗干净。

在冷却剂中硼酸浓度所能达到的范围内，硼酸不影响锆合金的腐蚀。

水中微量溶解氢气对锆合金的腐蚀影响不大。氢对锆合金的破坏作用主要表现在氢脆方面，将在下面讨论。

（3）中子通量。中子通量和氧含量对锆合金的腐蚀有强烈影响，且相互促进。在有溶解氧的冷却剂中，提高中子通量会加剧锆合金的腐蚀。同样，在中子辐照下，冷却剂中的氧能显著提高腐蚀速度。由于压水堆冷却剂中的溶解氧浓度低，因此中子辐照对锆合金的腐蚀速度不会有显著影响。

（4）热通量。热通量对锆合金腐蚀的影响与氧化膜厚度有关。氧化膜较薄时，热通量的影响不大；氧化膜较厚时，热阻加大使温度升高，从而使腐蚀加速。图 4-14 为热通量对锆-4合金的腐蚀及吸氢量的影响（以材料腐蚀面 5mm 深度中的氢浓度表示吸氢量）。

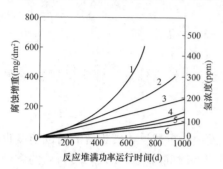

图 4-14　热通量对锆-4合金的腐蚀及吸氢量的影响

1—热通量为 1.6×10^{12}J/$(m^2\cdot h)$，温度 360℃；
2—热通量为 1.6×10^{11}J/$(m^2\cdot h)$，温度 360℃；
3—热通量为 0J/$(m^2\cdot h)$，温度 360℃；
4—热通量为 1.6×10^{12}J/$(m^2\cdot h)$，温度 332℃；
5—热通量为 1.6×10^{11}J/$(m^2\cdot h)$，温度 332℃；
6—热通量为 0J/$(m^2\cdot h)$，温度 332℃

3. 锆合金的氢脆与防止

如前所述，锆合金在高温水或蒸汽中的腐蚀反应为

$$Zr+2H_2O \rightarrow ZrO_2+4H$$

锆腐蚀后在其表面形成氧化膜，同时产生氢，反应中释放出的氢有一部分（10%～30%）能够穿过氧化膜，溶解于基体金属中形成固溶体 $Zr(H)_{sol}$，或形成氢化锆：

$$Zr+H \rightarrow Zr(H)_{sol}$$

或

$$2Zr+3H \rightarrow 2ZrH_{1.5}$$

使锆的脆性增加，这就是氢脆现象。氢脆会破坏燃料元件包壳，影响锆合金包壳的使用寿命，所以包壳的氢脆破坏是最受关注的问题。

（1）吸氢机理。这里仅讨论锆合金在转折前腐蚀和吸氢的离子反应-离子扩散机理，转折后的吸氢机理有待进一步研究。

图 4-15 是锆合金的吸氢机理示意图。氧化膜中的氧溶解到锆合金基体中，在氧化膜内形成阴离子空位和自由电子，如图 4-15（a）所示。在氧化物表面，阴离子空位的正电性使水分子（偶极性）的氧端朝着氧化物定向排列。由于水分子和空位发生反应，水分子会解离，形成正常 ZrO_2 点阵中的氧离子（点位），空位被湮灭，如下面两式

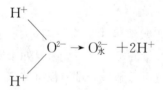

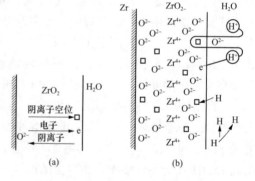

图 4-15　锆合金的吸氢机理示意图

$$\square+O^{2-}_{永} \rightarrow 点位$$

式中：$O^{2-}_{永}$ 为水分子解离形成的氧离子。

新产生的阴离子与氧化膜中的阴离子空位不断作用，直到金属-氧化物界面。因此，锆合金在水蒸气中的腐蚀过程，是阴离子空位通过表面氧化膜的扩散过程。上述反应所产生的氢离子，与由金属-氧化物界面扩散出来的电子结合，形成氢原子

$$H^++e \rightarrow H$$

氢原子形成后有两种可能，即

1）复合成氢分子，从氧化物表面扩散到腐蚀介质中。

$$H+H \rightarrow H_2 \uparrow$$

2）以氢原子形式占据氧化膜中的阴离子空位，由金属 - 氧化物界面扩散。

$$H+\square \rightarrow \boxed{H}$$

式中：$\boxed{H}$ 为占据阴离子空位的氢原子。

即腐蚀过程中产生的原子氢在氧化膜中通过阴离子空位进行扩散。氢原子的直径约为 1.06Å，单斜 ZrO_2 中的氧和锆离子间隙仅为 0.15Å，氢原子不可能通过此间隙。与水接触的金属氧化物中的氧离子有各种排布方式，其平均间隙较小（0.5Å～0.9Å），氢原子也很难通过完好的氧化膜。而 ZrO_2 中氧离子直径约为 2.64Å，因此氢原子进入 ZrO_2 晶格，可由这些阴离子空位扩散到锆合金中。

锆合金转折前的吸氢量仅占腐蚀产生氢的一部分，因为此时氧化过程占优势，它消除了大部分可占据的阴离子空位。

（2）影响氢脆的因素。

1）吸氢量。

锆合金在水蒸气中的吸氢量有如下几种表示方法：

a. ΔH_p：重量吸氢量，表示被样品吸收的氢的平均浓度，mg/L。

b. ΔH_s：单位面积吸氢量，mg/dm^2。

c. F：占理论上产生氢量的份数，%。

锆合金吸收的氢主要来自腐蚀反应过程中产生的氢；在辐照作用下，一回路水辐照分解形成的氢也能被锆合金吸收。

根据腐蚀反应，试样每吸收 32g 氧就产生 4g 氢。如果腐蚀增重 ΔW 完全由吸氧造成（忽略吸氢对增重的影响），那么，理论上产生的氢量应是 $1/8\Delta W$。

在一定温度下，氢在锆合金中具有一定的极限固溶度。氢在锆合金中的固溶度很低，在室温时只有几毫克每升，在 300℃ 时约为 80mg/L，在 350℃ 时约为 120mg/L。当达到极限固溶度后，继续吸氢，过量的氢就会以小片状氢化锆形式沉淀出来。一方面，当合金所处的温度降低或其中氢含量超过极限固溶度时，有氢化物析出；另一方面，随着氢含量增高，锆合金的延性会逐渐降低，当达到一定的氢含量时，氢化物析出会产生明显脆化作用，甚至使包壳破裂。通常，规定运行终期锆包壳的氢含量不超过 500～600mg/L。

2）温度。如上所述，氢在锆合金中的溶解度随温度升高而增大，所以锆合金包壳的氢脆与使用温度有关。当温度约低于 150℃ 时，氢化锆是一种脆性夹杂物；约高于 150℃ 时，析出的氢化锆本身也变得有塑性。可以认为，温度高于 200℃，锆合金不存在氢脆效应。在 300℃ 下，即使氢含量在 800mg/L 以上，其延性变化也不大。因此，锆合金燃料元件包壳只有在低于 200℃ 的停堆、开堆和换料时，才可能出现氢脆，而在正常运行过程中一般不会发生氢脆。

3）氢化物取向。氢化物的取向对锆合金机械性能有一定影响。实验表明：氢化物呈切向取向的锆合金，延性和强度都比较好；氢化物呈径向取向的锆合金，性能最差，氢脆最严重，尤其是长链状的氢化物能使锆合金机械性能明显下降；混乱取向分布的氢化物，对锆合金的拉伸性能影响很小。

锆合金中溶解的氢化物在冷却析出时，若受应力作用会重新取向，这一过程叫作应力再取向。通常应力再取向与锆合金的组织、晶粒度及冷加工时的残余应力有关。如锆合金的冷加工会加剧应力再取向，锆合金在加工过程中产生的残余内应力、高温冷却时出现的热应力和运行条件下的工作应力也都会影响氢化物的分布。即使锆合金初始性能良好，应力再取向（由切向变为径向）也会加剧氢脆。

4）氢化物大小。当锆合金的晶粒较细时，易得到分散、细小的氢化物。从缓和氢脆考虑，一般认为氢化物晶粒越细小越好，因为氢化物长度超过锆合金管壁厚度的 1/10 时，即使氢化物取向分布混乱，氢脆也会趋于严重。然而晶粒也不宜过于细小，否则，会引起大的应力取向效应。综合考虑氢化物长度与锆合金管壁厚的关系以及氢化物应力取向的影响，一般认为锆合金管的晶粒度在 $30\sim50\mu m$ 之间较为合适，这样可限制氢化物长度不超过壁厚的 1/10。

（3）锆合金燃料元件包壳的内氢脆与防止。内氢脆是指氢化锆由燃料元件包壳内壁向外表呈辐射状析出，使管状包壳产生裂缝，甚至贯穿管壁造成裂变产物泄漏的现象。这是迄今为止危害水冷堆运行最严重的问题之一。

一般认为，内氢脆是由燃料中和沿包壳缺陷进入其中的水分造成的。在反应堆初次提升功率后，锆包壳内表面与这些水分迅速反应，生成氧化膜并放出氢。若氧化膜完好，则可阻止氢向金属内部渗透。但随着锆水反应的进行，氧不断消耗，逐渐形成缺氧状态，而氢在积累，其浓度不断增高；在长时间的高温缺氧条件下，氧化膜会出现缺陷点（也称"击穿点"）。这样，氢可通过缺陷点透入金属基体，为氢脆打开缺口。氢在金属中逐渐积累，会形成 δ 相 $ZrH_{1.6}$。δ 相氢化物的密度为 $5.48\ g/cm^3$，而锆合金的密度为 $6.545\ g/cm^3$，因此氢化物的生成使锆合金体积约膨胀 13%，这时形成的应力对氢化物的径向再取向会产生明显影响，如在燃料棒的局部功率波动时，会形成径向针状氢化物和一些微小的贯穿性裂缝。在包壳截面的温度梯度场中，氢从 δ 相 $ZrH_{1.6}$ 再溶入基体，氢化物由内壁向外呈辐射状迁移扩张，内表面的 $ZrH_{1.6}$ 被还原成锆，体积收缩，以致在内壁造成裂纹和缺陷。这种缺陷常称之为太阳状缺陷，如图 4-16 所示。

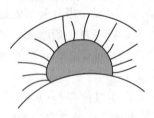

图 4-16　太阳状缺陷

焊接热影响区和包壳内表面的局部划痕都能加剧内氢脆。氧化膜的缺陷是产生内氢脆的必要条件，所以锆合金包壳的内氢脆是局部的，它与外部的均匀吸氢不同。

内氢脆危害极大，为了防止这种损坏，必须尽可能减少和消除燃料元件包壳内部的氢，其方法为：

1）尽量降低燃料芯块吸附水分的能力。水分是氢的主要来源，UO_2 即使在干燥环境中也能吸附水分。吸水量与芯块开口气孔形状、表面积、密度等有关，因此应生产开孔率低、表面积小的芯块和使用高密度芯块。

但对于避免内氢脆，目前尚无统一的含水量技术规范。有人根据经验提出冷燃料的含水量不应高于 $2mg/cm^3$。用热真空除气降低芯块含水量，可将芯块内水分降到 $1mg/L\sim3mg/L$。

2）严格控制燃料芯块的氟含量。氟能与氧化锆反应生成络合物，从而破坏氧化膜，削弱氧化膜对氢穿透的阻止作用，加速太阳状缺陷的形成。因此要求芯块中氟含量低于 $10mg/L\sim15mg/L$。锆合金管内表面经化学清洗后氟化物的残余量应低于 $0.5\mu g/cm^2$。

4. 锆合金的应力腐蚀破裂与防止

锆合金包壳在同时受到芯块与包壳之间机械作用和裂变产物化学作用时，会产生应力腐蚀破裂。它严重影响核反应堆的安全经济运行，因此 20 世纪 70 年代后，人们对锆合金应力腐蚀破裂产生的条件、破裂机理、防止措施进行了深入研究，取得了一定成绩，但还有许多问题尚不清楚。

（1）产生条件。锆合金包壳的应力腐蚀破裂是在燃料元件经过一定时间的燃耗后，快速提升功率时发生的。当功率跃增时，芯块膨胀量加大，致使破裂程度增大，裂变产物（主要是碘、镉）释放量增多，包壳内表面环形方向上的拉应力加大，从而为应力腐蚀破裂的产生提供了条件。

表 4-8 列出了 Zr-2 和 Zr-4 合金应力腐蚀破裂的临界应力值，它们与锆合金管的冶金状态、组织结构、辐照以及内表面腐蚀性裂变产物的浓度有关。

表 4-8　　　　　　　　　　Zr-2 和 Zr-4 合金的应力腐蚀破裂临界应力

合金	试验条件	临界应力值（MPa）
Zr-2	未受辐照，消除应力，320℃	329.5
Zr-2	未受辐照，已退火，320℃	279.5
Zr-4	未受辐照，消除应力，360℃	299.1
Zr-4	受辐照，消除应力，360℃	200.0

锆合金包壳产生应力腐蚀破裂所需的碘浓度约为 $3\times10^{-3}\,mg/cm^3\sim7\times10^{-3}\,mg/cm^3$，这一浓度在运行中容易达到。

实践证明，当堆内燃料元件的燃耗约为 $43.2\times10^5\,J/t$ 铀时，继而快速提升反应堆功率，就会出现应力腐蚀破裂所需的应力与碘的浓度值。

（2）裂纹形成机理。锆合金的应力腐蚀破裂可分为两个阶段，即裂纹的萌生和裂纹的扩展。

裂纹萌生阶段：由于芯块与包壳的机械作用，锆合金包壳内表面氧化膜破裂，挥发性裂变产物如碘与锆基体发生反应，形成腐蚀源。试验表明，裂变产物碘首先吸附在锆合金表面，然后与其反应，形成一层均匀的 ZrI_x。当局部反应特别强烈时，可形成微小蚀坑。蚀坑在应力作用下，会发展成微裂纹。在应力和腐蚀介质碘的作用下，它进一步发展为宏观裂纹。这一过程是锆合金发生应力腐蚀破裂的主要过程，占整个过程所需时间的 $50\%\sim90\%$。

裂纹扩展阶段：宏观裂纹在应力作用下进入裂纹扩展阶段，其扩展速率主要取决于力学因素，即裂纹尖端的应力强度因子 K_1，当 K_1 达到 K_{1c}（临界应力强度因子）时，锆合金包壳迅速断裂。

（3）断口特征。锆合金包壳应力腐蚀破裂的断口是典型的脆性断裂，具有以下特征。

1）裂纹起源于包壳内表面，并垂直于拉应力。

2）裂纹呈树枝状，根部细小，最初为晶间裂纹，达一定深度后为穿晶裂纹。

3）在断口上有一明显的环形劈裂区，在劈裂面上有时可观察到平行的凹槽。劈裂是锆晶体在滑移面上因剪切位移而产生的，凹槽是某些结晶方向相差较大的晶体在劈裂时来不及滑移而产生的塑性断裂。

4）在靠近包壳外表面的区域，能观察到具有延性特征的小旋涡。这种延性破坏是在裂纹扩展后期，作用于未断包壳上的拉应力越来越高的结果。

（4）防止应力腐蚀破裂的方法。防止锆合金包壳应力腐蚀破裂的方法主要有以下几种。

1）改进包壳的制造工艺。水冷动力堆广泛采用锆-4合金作为燃料元件包壳材料，在今后相当长的时间内，仍将会使用这种材料。为提高它的使用性能，可采取如下措施：

a. 对包壳内表面进行处理，如涂石墨层、硅氧烷层，这可以防止裂变产物直接与锆基体接触，同时可减少芯块与包壳间的摩擦力，减少包壳的局部应力集中，使元件破损率下降。

b. 在锆合金内壁喷砂，使包壳内表面形成硬化层，并使其残余压应力 $\sigma_c > 1/2\sigma_{0.2}$。

c. 改善热处理工艺，提高包壳管闭端爆破性能的环向延伸率等。

2）控制运行条件。如前所述，元件的功率、功率跃增幅度及功率跃增速率对芯块破裂程度及裂变产物的释放均有影响。控制这些运行参数，是在不改变元件设计前提下防止锆合金包壳应力腐蚀破裂的有效方法。

3）改进芯块设计。芯块的几何形状和尺寸、包壳-芯块的初始间隙，都直接影响芯块与包壳之间的机械作用。为减弱包壳-芯块的机械作用，可减小芯块高径比，设置倒角，使端面呈碟形，或制成空心芯块；双层燃料芯块（内层燃料浓度低，外层高）可降低芯块中心温度和芯块内温度差，从而可减小芯块破裂的可能性。

五、不锈钢的腐蚀与防护

在压水堆中，大量的不锈钢被用作结构材料。这些材料在运行条件下会出现许多腐蚀问题，如应力腐蚀破裂、晶间腐蚀、点蚀和缝隙腐蚀等。下面对不锈钢的应力腐蚀破裂、晶间腐蚀进行讨论。

（一）不锈钢的应力腐蚀破裂与防止

不锈钢的应力腐蚀破裂，是不锈钢在拉应力和特定腐蚀介质的共同作用下产生的破坏现象。对不锈钢构件发生应力腐蚀破裂的统计结果表明，在使用一年内就产生这种腐蚀的构件占实际腐蚀破坏的50％以上。核电站中由1Cr18Ni9Ti制造的热交换器管，经常发生应力腐蚀破裂，因此引起了人们的极大重视。

1. 不锈钢应力腐蚀破裂的特征

（1）必须有应力，特别是拉应力。拉应力越大，破裂所需的时间越短。破裂所需的应力，一般都低于材料的屈服强度。

（2）腐蚀介质是特定的。大量研究表明，不锈钢在高温水中发生的应力腐蚀破裂与其所含的氯化物、氧或氢氧化物等腐蚀介质有关。

（3）应力腐蚀破裂的速度约在 $10^{-3} \sim 10^{-1}$ cm/h 范围内，远大于没有应力时的腐蚀速度，但又远小于单纯的力学因素引起的破裂速度。

（4）应力腐蚀破裂属于脆性断裂。即使是具有高塑性的奥氏体不锈钢，在发生应力腐蚀破裂时，也不会产生明显的塑性变形。裂纹的主干延伸方向与所受拉应力方向垂直，在普通金相显微镜下观察，裂纹有沿晶、穿晶或两者混合的形式，裂纹常为树枝状，在电子显微镜下观察，材料表面往往呈现河流状、羽毛状和海滩状条纹。

2. 不锈钢应力腐蚀破裂的机理

不锈钢发生应力腐蚀破裂的机理十分复杂，许多学者提出了不同的假说。这些假说从不同角度都能说明一些问题，但也存在一些矛盾，所以至今还没有一个能全面解释其机理的完整理论。

不锈钢在氯化物溶液、氢氧化物溶液和高温水中均能发生应力腐蚀破裂。长期以来，人们研究得较多的是氯离子作用下不锈钢的应力腐蚀破裂。下面以不锈钢在含有 Cl^- 溶液中发生的应力腐蚀破裂为例，讨论其破裂机理，称为滑移-溶解-破裂机理，应力腐蚀破裂过程如图4-17所示。

（1）钝化膜破裂：不锈钢在氧化性介质中会形成一层致密而牢固的钝化膜，在应力作用下金属产生滑移，使表面钝化膜破裂。

（2）阳极溶解：在膜产生裂缝的部位，金属裸露，裸露部分的电位比有钝化膜部分的电位偏负，金属裸露部分为阳极，有膜部分为阴极，在腐蚀介质作用下，阳极发生溶解。

一般认为，金属钝化膜破裂后形成的裂缝、蚀坑等，因腐蚀产物在坑口覆盖，使腐蚀介质的扩散受到抑制，形成所谓的"闭塞电池"。实验发现，在"闭塞电池"内部电荷达到平衡时，其介质成分和浓度与整体介质有很大差别。如钢在 $MgCl_2$ 溶液中产生应力腐蚀破裂时，在膜破裂的开始阶段，裂缝内可发生下列反应。

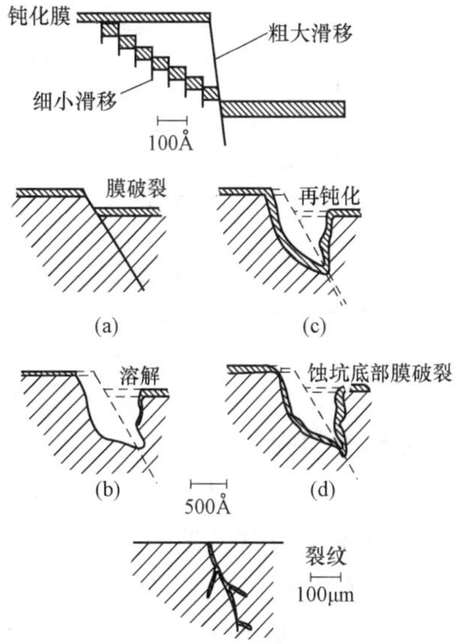

阳极反应：$Fe \longrightarrow Fe^{2+} + 2e$
阴极反应：$O_2 + 2H_2O + 4e \longrightarrow 4OH^-$

图4-17　应力腐蚀破裂过程示意图

膜破裂处的氧很快被消耗，阴极反应转移到裂缝外部，其内部只进行阳极反应，这样，坑内 Fe^{2+} 浓度升高，可发生如下反应：

$$Fe^{2+} + H_2O \longrightarrow Fe(OH)^+ + H^+$$

这使坑内有较高 H^+ 浓度，溶液 pH 值下降。有人测得沸腾的 $MgCl_2$ 溶液中，304型奥氏体不锈钢裂纹内的 pH 值为1。

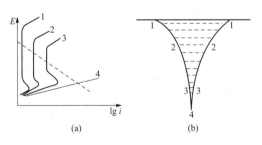

图4-18　蚀坑各部分的极化曲线
（a）极化曲线；（b）蚀坑

金属表面形成的蚀坑，不仅坑内外的介质浓度和 pH 值有差别，而且坑内各处的介质浓度和 pH 值也有差别，这导致坑内各点电化学不均匀，从而进一步加速裂纹向纵深发展。蚀坑各部分的极化曲线如图4-18所示，图中四根阳极极化曲线分别对应于蚀坑的不同位置，由于不同位置的 O_2、Cl^-、pH 等不同，阳极极化曲线从左向右移动。

（3）断裂：随着阳极溶解，产生阳极极化，并在蚀坑周边重新生成钝化膜；在应力继续作用下，蚀坑尖端由于应力集中而使钝化膜破裂，造成新的阳极溶解；如此反复进行，使裂纹向纵深发展，直至断裂。

注意，在已形成的蚀坑周边立即再钝化，横向溶解受到抑制，此时，如果没有拉应力存在，只能形成点蚀或缝隙腐蚀；如果不锈钢在腐蚀介质中，蚀坑周边不能再钝化，则会产生全面腐蚀。

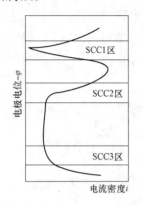

图 4 - 19　奥氏体不锈钢发生
应力腐蚀破裂的电位示意
（非受力状态试样的极化曲线）

从裂纹的形成和发展过程可以知道，不锈钢的应力腐蚀破裂是在一定的电位区域内发生的，即在稳定的活化区和稳定的钝化区都不会发生。有人在总结各种环境下奥氏体不锈钢发生应力腐蚀破裂的事例时，发现奥氏体不锈钢发生应力腐蚀破裂的腐蚀电位处于下列三个电位区域：非活化 - 活化过渡区，活化 - 钝化过渡区，钝化 - 过钝化过渡区，如图 4 - 19 所示。

3. 不锈钢应力腐蚀破裂的影响因素

（1）不锈钢在氯化物溶液中应力腐蚀破裂的影响因素。

1）介质的影响。

a. 不同氯化物对奥氏体不锈钢应力腐蚀破裂的影响。在含有 $MgCl_2$、$CaCl_2$、$ZnCl_2$ 的溶液中，奥氏体不锈钢的腐蚀速度很小；在这些介质中，拉应力引起的奥氏体不锈钢的应力腐蚀破裂很强烈。

在含有 $NaCl$、KCl、NH_4Cl 的溶液中，奥氏体不锈钢易产生点蚀，长期暴露在这些溶液中会出现应力腐蚀破裂。

在含有 $CuCl_2$、$FeCl_3$、$HgCl_2$ 的溶液中，奥氏体不锈钢产生强烈的全面腐蚀或点蚀，不发生应力腐蚀破裂，只有在这些溶液中加入少量氧化剂、改变电位或 pH 值，才会发生应力腐蚀破裂。

据文献报道，奥氏体不锈钢在含 HCl、CCl_4、$CHCl_3$、C_2H_5Cl 的稀水溶液中会发生应力腐蚀破裂。

实验证实，在氯化物浓度、pH 值、温度等相同的条件下，达到应力腐蚀破裂的时间取决于溶液中 Mg^{2+}、Ca^{2+}、Li^+、Na^+ 等阳离子的浓度。

$MgCl_2$ 溶液具有对奥氏体不锈钢产生应力腐蚀破裂的强烈作用，20 世纪 40 年代初就有人提出用沸腾 $MgCl_2$ 溶液来检验奥氏体不锈钢应力腐蚀破裂敏感性的大小。但应当指出，用 $MgCl_2$ 溶液得出的应力腐蚀破裂规律和结论与实际情况有较大差异。

b. 氯离子浓度的影响。溶液中氯离子含量增加，会使局部金属表面的活性增加，缝内介质酸度升高。因此，在介质中增加氯离子含量会加速奥氏体不锈钢的应力腐蚀破裂。例如，18 - 9 钢在沸水堆中随氯化物浓度升高，破裂的时间缩短（见图 4 - 20）。

在溶液中增加氯化物浓度，可促使钢的表面离开钝化状态（见图 4 - 21）。在钝化区钢的溶解速度实际上是不变的；但是随着氯离子浓度增大，电位负

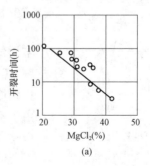
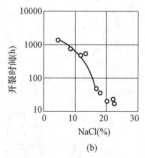

图 4 - 20　在沸水堆中，氯化物浓度对
18 - 9 钢应力腐蚀破裂的影响
(a) $MgCl_2$；(b) $NaCl$

移，在氯离子的活化作用下钝化状态被破坏。即使介质中起始氯化物浓度十分低，也不能保证不发生应力腐蚀破裂，这是因为在缝隙部位氯化物浓缩。例如，在沸水堆元件包壳中发生应力腐蚀破裂时，发现破裂处 Cl^- 浓度高达 1000mg/kg，而反应堆运行水中 Cl^- 小于 0.05mg/kg。核电站的运行经验表明，氯离子的安全浓度取决于介质浓缩条件，介质的温度、压力、氧含量、缓蚀剂及其添加剂，钢的组成和原始状态，负荷等一系列因素。

c. 氧含量的影响。一般认为，介质中氧含量增加会促使不锈钢发生应力腐蚀破裂。例如，在 $300\sim350℃$ 水中，Cl^- 含量为 $0.01\%\sim0.8\%$、O_2 含量小于 0.2mg/L 时，18-9 钢不发生破裂；当 O_2 含量大于 0.3mg/L 时发生破裂。运行经验表明，随着介质中氧含量减少，奥氏体不锈钢应力腐蚀破裂的趋势降低，在除氧水和蒸汽中氯脆的可能性很小。

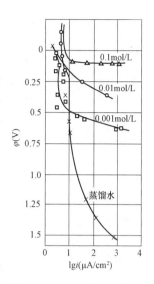

图 4-21 12x18H10T 钢在
300℃不同浓度 NaCl 溶液
中的阳极极化曲线

水中溶解氧的主要作用是改变阴极极化曲线，提高极限扩散电流。图 4-22 为奥氏体不锈钢在含氧高温水中的极化曲线，曲线 1～4 是不同氧含量情况下的阴极极化曲线。由图 4-22 可见，随着氧含量增加，腐蚀电位向正方向移动，达到曲线 4 的氧含量时，金属处于过钝化区，从而加速阳极溶解，使金属表面膜破坏，导致应力腐蚀破裂。

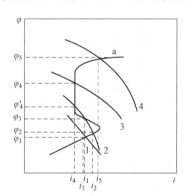

图 4-22 不锈钢在含氧水
中的极化曲线
a—阳极极化曲线；1～4—
阴极极化曲线（O_2的浓度递增）

除了氧能加速不锈钢应力腐蚀破裂外，还有其他氧化剂，如 H_2O_2、Fe^{3+}、Cu^{2+}，在沸腾的 $MgCl_2$ 溶液中均能加速不锈钢的应力腐蚀破裂。

核电站的水通常是中性或弱碱性，氧对应力腐蚀破裂通常起促进作用。此外，反应堆水辐照分解形成的过氧化氢和其他氧化性产物，均可以促进氯脆。除氧水和蒸汽均可减缓奥氏体不锈钢的应力腐蚀破裂。

d. 氯离子和氧同时存在对奥氏体不锈钢发生应力腐蚀破裂的影响。试验表明，18H10T 钢在氯化物含量为0.05～0.1mg/L、氧含量为 0.1～0.4mg/L 的水溶液中，当温度为350℃、压力为 160Pa 时，不发生应力腐蚀破裂；氧含量为0.2mg/L 时，氯化物达 1000mg/L，运行 873h，钢材也未出现裂纹；而氧含量升高达 1.5～4mg/L 时，氯化物只0.1mg/L，钢材就发生应力腐蚀破裂。

水溶液中氯化物和氧同时存在对 304、347 和 310 不锈钢发生应力腐蚀破裂的影响如图 4-23 所示。试验是在水的汽、液相交替的条件下进行的，温度为 240～260℃，时间为 1 昼夜～30 昼夜，应力在 $\sigma_{0.2}$ 以上。试验结果有如下规律性：①在中性水溶液中，只有同时存在氯化物和 O_2，会发生应力腐蚀破裂；②即使氯离子浓度大，也只在氧含量比较高时才发生应力腐蚀破裂；而氧含量低时，氯离子浓度再大也不发生应力腐蚀破裂；③在氯化物含量高的介质中，彻底除氧可以防止奥氏体不锈钢发生应力腐蚀破裂。

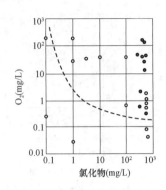

图 4-23　氯化物浓度和氧
含量的影响及危险浓度
●—发生应力腐蚀破裂；
○—不发生应力腐蚀破裂

e. 在水蒸气和汽、水两相系统中不锈钢的应力腐蚀破裂。尽管氯化物在蒸汽中的溶解度很低，但由于在汽相界面有水滴携带及挥发性盐酸（氯化物水解产物），并有氯化物的浓缩作用，因此奥氏体不锈钢在水蒸气中仍会发生应力腐蚀破裂。试验表明，当没有浓缩性氯化物、饱和蒸汽和过热蒸汽温度为200～650℃时，超临界压力蒸汽系统的奥氏体不锈钢也不会发生应力腐蚀破裂。

不锈钢的应力腐蚀破裂在水、汽两相的交界处较易发生，因为此处氯化物容易浓缩。图 4-24 是氯化物在水、汽两相介质中浓缩于金属表面的典型情况。图 4-24（a）示出的是构件表面水位波动的状态，水线（虚线）干湿交替，此处金属表面的水不断被蒸发，而杂质则留在壁上。图 4-24（b）示出的是水流喷溅或蒸汽流中的水滴落在金属壁面的情况。图 4-24（c）示出的是水滴落在金属表面剧烈浓缩的情况。图 4-24（d）示出的是受热面上水沸腾时靠壁层产生的汽泡，汽泡与金属表面之间可能形成薄的水膜，由于氯化物在蒸汽中的溶解度低，因此这层水膜中富集了氯化物；当汽泡破裂时，氯化物会再一次溶入水中，但溶解比蒸发迟缓，因此近壁处仍有一层高浓度的稳定区。图 4-24（e）示出的是受热面的沸腾液体流和含有水分的蒸汽。图 4-24（f）示出的是受热面上存在的缝隙会加速杂质的积聚。图 4-24（g）示出的是受热面上形成的沉积物中有气孔和缝隙，浓缩作用在沉积物下进行。

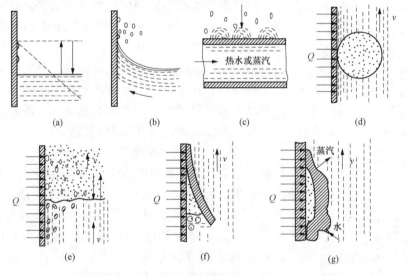

图 4-24　氯化物在汽、水两相介质中的浓缩过程
v—载热介质流；Q—热流

2）pH 值的影响。溶液 pH 值对奥氏体不锈钢应力腐蚀破裂的影响主要在潜伏期。溶液 pH 值低，会促进氧化膜溶解，使不锈钢的腐蚀速度增大、破裂时间缩短，如图 4-25 所示。

核电站运行情况表明，溶液 pH 值为 8～10 时，奥氏体不锈钢耐应力腐蚀破裂的能力增强。例如，溶液 pH 值从 7 提高至 10，18-10 和 18-12Mo 钢在 270℃、氯化物含量为 5mg/L

的溶液中耐应力腐蚀破裂的能力明显增加。但也必须指出，随着 pH 值增加，奥氏体不锈钢对氯离子应力腐蚀破裂的敏感性虽然减轻了，但当 pH 值升至 11 时，会出现碱脆。

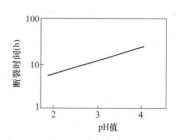

图 4-25　pH 值对 18-8 不锈钢在 MgCl₂ 溶液中应力腐蚀破裂时间的影响（125℃）

3）温度的影响。一般认为，不锈钢对应力腐蚀破裂有敏感的温度区间。奥氏体不锈钢在 NaCl 溶液中，温度为 150～250℃时，随着温度升高，应力腐蚀破裂明显加速，当温度升至 300～350℃时，应力腐蚀破裂有减缓的趋势。这是因为在较高温度下，氧化膜的生长速度大于其溶解速度，从而使滑移阶梯出现滞后。然而，不锈钢发生应力腐蚀破裂的温度下限是很低的，一般认为是 70℃，也有资料报道在 40℃左右。例如 18-9 型奥氏体不锈钢在 50～90℃时发生了应力腐蚀破裂。不锈钢发生应力腐蚀破裂的温度下限与介质的侵蚀性、材料的应力应变状态、钢的结构和成分有关。

4）应力的影响。随着拉应力的增加，奥氏体不锈钢的应力腐蚀破裂明显加速，而且引起破裂的临界应力值相当低。当温度恒定时，通常认为应力 δ 与破裂时间 t_f 有如下关系：

$$\lg t_f = C_1 + C_2 \sigma \ (C_2 < 0)$$

式中：C_1、C_2 为与试验温度、钢的品种等有关的系数。

各种奥氏体不锈钢在 154℃的 MgCl₂ 溶液中，破裂时间与应力的关系如图 4-26 所示。

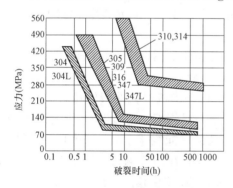

图 4-26　各种奥氏体不锈钢的破裂时间与应力的关系

应力将促进不锈钢的应力腐蚀破裂，其作用是引起不锈钢滑移形变、局部地破坏保护膜，使腐蚀处应力集中，促使奥氏体向马氏体转变并产生位错、晶格缺陷等，为裂纹扩展提供通道。

5）合金元素的影响。

a. 氮和碳的影响：增加氮和碳的含量将增加不锈钢对应力腐蚀破裂的敏感性，因为氮和碳具有稳定不锈钢奥氏体组织的作用，而奥氏体组织会降低不锈钢抗应力腐蚀破裂的性能。

奥氏体不锈钢发生应力腐蚀破裂所需要的氮量最小值约为 0.03%～0.05%。若钢中氮含量低于此值，则不锈钢变为铁素体组织，从而不容易发生应力腐蚀破裂。图 4-27 为在沸腾的 MgCl₂ 溶液中，19Cr-20Ni 不锈钢中氮含量对应力腐蚀破裂的影响。

碳含量达到 0.01%～0.06%时，18-8 型不锈钢对应力腐蚀破裂的敏感性增加，如果从这种钢中去掉氮和碳，会使不锈钢成为铁素体组织而降低它对应力腐蚀破裂的敏感性。

b. 镍、铬、钼、硅、磷的影响：在 Cr-Ni 合金中，当镍含量低于 8%时，其应力腐蚀破裂的敏感性随着镍含量降低而减小，因为形成了复相钢和铁素体不锈钢，它们对应力腐蚀破裂的敏感性较小；在 Cr-Ni 合金中，当镍含量高于 8%时，其应力腐蚀破裂的敏感性随着镍含量增高也减小，因为奥氏体不锈钢随着镍含量增加其错层增加，容易出现网状结构位错，从而降

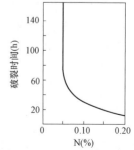

图 4-27　氮含量对不锈钢应力腐蚀破裂的影响

低了穿晶破裂的敏感性。

不锈钢中铬含量在 5％～12％时，其应力腐蚀破裂敏感性最小；铬含量大于 12％时，随着铬含量增高，其敏感性增大。

研究表明，少量钼（1％～2％）会增加 18-8 型不锈钢对应力腐蚀破裂的敏感性，在钢中加入较多的钼（＞4％）才能提高其耐应力腐蚀破裂的性能。

奥氏体不锈钢中加入 2％～4％的硅，能显著降低钢在高浓度氯化物溶液中对穿晶应力腐蚀破裂的敏感性；但钢中硅含量高会降低碳在奥氏体中的溶解度，使晶界上析出的碳化物增多，从而增强其晶间应力腐蚀破裂的敏感性。

磷能使不锈钢出现层状位错结构，因此它对 Cr-Ni 不锈钢的耐应力腐蚀破裂不利。

6）组织结构的影响。通常，面心立方晶体组织对氯离子应力腐蚀破裂敏感，因为它在很小应力作用下就可产生滑移。在奥氏体中，当具有体心立方晶体组织的铁素体含量低于 40％～50％范围时，铁素体含量越多，耐应力腐蚀破裂的能力越强，因其屈服强度比奥氏体不锈钢的高，滑移系统多，容易产生交错滑移，从而难以产生粗大的滑移台阶。

7）表面处理的影响。电解抛光表面较机械抛光表面更耐应力腐蚀破裂，因为电解抛光可使金属表面形成钝化膜。在不锈钢表面电镀 0.1～0.5mm 镍层，再经 1010℃扩散退火 100h 后，能有效改善不锈钢耐氯离子应力腐蚀破裂的性能，也能减轻其点蚀倾向。

（2）不锈钢在高温水中应力腐蚀破裂的影响因素。对核电站高温、高压、高纯水中 Cr-Ni 不锈钢的应力腐蚀破裂问题，人们进行了大量研究，但还不如在高浓度氯化物中那样研究得深入，下面就一些主要因素加以讨论。

1）氯离子浓度和溶解氧的影响。在高温水中影响奥氏体不锈钢应力腐蚀破裂的主要因素是 Cl^- 浓度和溶解氧。

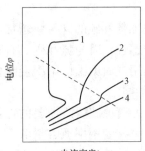

图 4-28 奥氏体不锈钢在含 Cl^- 高温水中的阳极极化曲线变化示意
1— ［Cl^-］＜0.1mg/L；
2— ［Cl^-］＝1mg/L；
3— ［Cl^-］＝100mg/L；
4— ［Cl^-］浓度极高

氯离子浓度对奥氏体不锈钢阳极极化曲线的位置和形状有很大影响。由图 4-28 可知，提高 Cl^- 浓度将使钝化区缩小；Cl^- 浓度极高时，钝化区会消失（如线 4）；Cl^- 浓度增加，钝化电流也增大；在阴极过程不变的情况下，随着 Cl^- 浓度增加，其均匀腐蚀速度增大。所以水中 Cl^- 浓度越高，其应力腐蚀破裂越容易发生。处于潮湿与干燥交替条件下的金属最危险，在核电站蒸汽发生器二回路部分也较容易发生应力腐蚀破裂，因为氯离子易在这些部位浓缩。

在 200～290℃水中，氧含量＜0.1mg/L 时，敏化 304 不锈钢不发生晶间应力腐蚀破裂。随着氧含量增加（从 0.1～0.2mg/L 增加到 100～400mg/L），破裂时间减小 1～2 个数量级（见图 4-29），裂纹扩展速度增大 1 个数量级。在 270～290℃水中，随着氧含量增加，奥氏体不锈钢（18-9 型）的电位增高，在除氧水中为 $-0.7V$，在含 0.1mg/L O_2 的水中电位为 $-0.2V$，在含 10mg/L O_2 的水中电位为 0.0V。水中溶解氧加速奥氏体不锈钢应力腐蚀破裂的原因如前所述。

2）合金元素的影响。合金元素碳、磷、氮对奥氏体不锈钢耐高温水应力腐蚀破裂性能有害，而铬、硅、钼、铜、钒等则有益。

a. 碳：在高温水中，随着奥氏体不锈钢中碳含量增加，其耐应力腐蚀破裂的性能下降，如图 4 - 30 所示。

b. 硅和氮：在奥氏体不锈钢中添加硅，可以使钢中出现奥氏体 - 铁素体结构。如前所述，铁素体对应力腐蚀破裂敏感性小，因此加入硅能提高奥氏体不锈钢耐应力腐蚀破裂的能力。对于氮来说，当 18 - 8 型不锈钢中氮含量小于 0.002％～0.005％时，由于出现了约 10％～15％的铁素体相，不锈钢对应力腐蚀破裂的敏感性下降；钢中氮含量增至 0.05％以上时，由于析出氮化物，其对应力腐蚀破裂的敏感性增加。

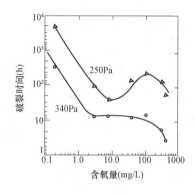

图 4 - 29　在 290℃ 水中氧含量对敏化
304 不锈钢晶间应力腐蚀破裂的影响

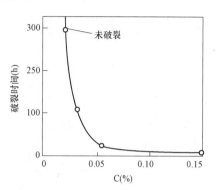

图 4 - 30　碳含量对高纯奥氏体
不锈钢（693℃，24h 敏化处理）
在高温水（288℃，100mg/L O_2）
中应力腐蚀破裂的影响

c. 镍和铬：在含微量氯的高温水中，镍能提高 Cr - Ni 不锈钢耐应力腐蚀破裂的能力；但当镍含量在 50％以下时，镍含量对 Cr - Ni 不锈钢和合金耐应力腐蚀破裂能力的影响并不明显，因此出现了镍含量高的 Cr15 - Ni75Fe 镍基合金。这种合金能提高其耐穿晶应力腐蚀破裂的能力，但在高温水中耐晶间应力腐蚀破裂的能力差，所以又不得不把镍含量降低，使它在高温水中既耐晶间应力腐蚀破裂又耐穿晶应力腐蚀破裂，如因科洛依－800（Cr20 - Ni32Fe 合金）。实际上，这种合金在一定的条件下仍然会发生晶间应力腐蚀破裂。

一般认为，铬在高温水中能提高 Cr - Ni 不锈钢耐应力腐蚀破裂的能力。

3）反应堆运行工况的影响。通常，启、停次数较多的反应堆部件发生应力腐蚀破裂的概率高些，因为反应堆在启动、停运过程中，材料要受到温差应力影响，同时介质中的氧含量也在不断变化。实践证明，在反应堆的启动过程中最容易发生应力腐蚀破裂，运行过程中次之，停堆过程中的可能性最小。

4）敏化处理。对奥氏体不锈钢在 450～850℃温度下进行敏化处理，会加速其应力腐蚀破裂，并且会使其从穿晶型转变为晶间型应力腐蚀破裂。在核电站，由于部件的焊接和反应堆本身释放的热量会使材料敏化而出现应力腐蚀破裂。

敏化处理主要会加速 0Cr18Ni10 钢的应力腐蚀破裂，而对超低碳的 00Cr18Ni10 钢和含碳化物稳定化元素的 0Cr18Ni11Nb 钢没有显著影响。

（3）不锈钢在碱性溶液中应力腐蚀破裂的影响因素。在核电站蒸汽发生器二回路水中，碱的局部浓缩和拉应力共同作用会使部件发生晶间应力腐蚀破裂，这种破裂又称碱脆。

1）产生碱脆的电位区。如前所述，奥氏体不锈钢可能在三个电位区发生应力腐蚀破裂，即非活化‐活化过渡区、活化‐钝化过渡区、钝化‐过钝化过渡区。

2）碱的浓度、介质温度和应力的影响。图4‐31表示碱浓度、温度对一些奥氏体不锈钢应力腐蚀破裂的影响。从图中可以看出，随着NaOH浓度增大、温度升高，奥氏体不锈钢碱脆的敏感性增大。就18Cr‐8Ni不锈钢而言，碱浓度达到0.1％～1％就可能出现碱脆。由于蒸汽发生器中存在浓缩机构，因此即使蒸汽发生器水中碱度很低，奥氏体不锈钢也可能发生碱脆。

表4‐9为温度对18Cr‐8Ni‐Nb不锈钢碱脆的影响，由表可知，温度升高，发生碱脆的时间缩短。

表4‐9　温度对18Cr‐8Ni‐Nb不锈钢碱脆的影响（20％NaOH，应力152.3MPa）

碱	破裂时间（h）				
	150℃	175℃	200℃	250℃	300℃
NaOH	—	—	177.8	3.6　1.6	1.1　1.8

图4‐32表示应力对碱脆的影响。从图中可见，随着拉应力的增大，奥氏体不锈钢产生碱脆所需要的时间缩短。

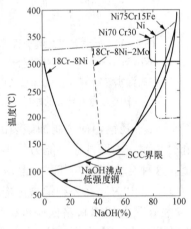

图4‐31　碱的浓度和温度对不锈钢碱脆性能的影响

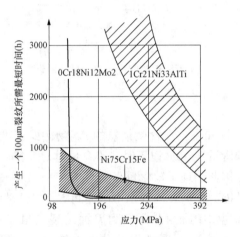

图4‐32　应力对不锈钢与合金碱脆敏感性的影响

3）合金元素的影响。铬、镍含量低的不锈钢容易发生碱脆；随着镍含量增加，不锈钢发生碱脆的临界应力强度提高。

（4）防止不锈钢应力腐蚀破裂的方法。因为影响不锈钢应力腐蚀破裂的因素很多，因此防止这种腐蚀可从多方面入手，下面就几种主要防腐蚀方法进行讨论。

1）正确选材。表4‐10和表4‐11分别给出了国内牌号不锈钢的化学成分和常用不锈钢的国内、外牌号对照，可以根据不同的用途和使用条件选择耐应力腐蚀破裂的不锈钢。一般，在高浓度氯化物溶液中，可选用不含镍、铜或含镍小于0.5％、含铜小于0.3％的低碳、氮高铬铁素体不锈钢以及高硅奥氏体不锈钢。对于易产生晶间型应力腐蚀破裂的设备，可选用超低碳或含钛、铌稳定化元素的不锈钢；对于容易产生点蚀并由此而引起应力腐蚀破裂的设备，可选用含铝或含高铬、钼的不锈钢。

表4-10　　常用不锈钢的化学成分

类别	钢号	化学成分									
		C	Si	Mn	S	P	Cr	Ni	Ti	Mo	其他
铁素体	1Cr17	≤0.12	≤0.80	≤0.80	≤0.030	≤0.035	16~18	—	—	—	—
铁素体	1Cr25Ti	≤0.12	≤1.00	≤0.80	≤0.030	≤0.035	24~27	—	$5\times C\%-0.8$	—	—
马氏体	1Cr13	0.08~0.15	≤0.60	≤0.80	≤0.030	≤0.035	12~14	—	—	—	—
马氏体	2Cr13	0.16~0.24	≤0.60	≤0.80	≤0.030	≤0.035	12~14	—	—	—	—
马氏体	3Cr13	0.25~0.34	≤0.60	≤0.80	≤0.030	≤0.035	12~14	—	—	—	—
马氏体	3Cr13Mo	0.28~0.35	≤0.80	≤0.80	≤0.030	≤0.035	12~14	—	—	0.5~1.0	—
马氏体	1Cr17Ni2	0.11~0.17	≤0.80	≤0.80	≤0.030	≤0.035	16~18	1.5~2.5	—	—	—
马氏体	9Cr18	0.90~1.00	≤0.80	≤0.80	≤0.030	≤0.035	17~19	—	—	—	—
奥氏体	00Cr18Ni10	≤0.03	≤1.00	≤2.00	≤0.030	≤0.035	17~19	8~12	—	—	—
奥氏体	0Cr18Ni9	≤0.06	≤1.00	≤2.00	≤0.030	≤0.035	17~19	8~11	—	—	—
奥氏体	1Cr18Ni9	≤0.12	≤1.00	≤2.00	≤0.030	≤0.035	17~19	8~11	—	—	$Nb8\times C\%-1.5$
奥氏体	2Cr18Ni9	0.13~0.22	≤1.00	≤2.00	≤0.030	≤0.035	17~19	8~11	—	—	$N0.15~0.25$
奥氏体	0Cr18Ni9Ti	≤0.08	≤1.00	≤2.00	≤0.030	≤0.035	17~19	8~11	$5\times C\%-0.7$	—	—
奥氏体	1Cr18Ni9Ti	≤0.12	≤1.00	≤2.00	≤0.030	≤0.035	17~19	8~11	$5\times(C\%-0.02)-0.8$	—	—
奥氏体	1Cr18Ni11Nb	≤0.10	≤1.00	≤2.00	≤0.030	≤0.035	17~20	9~13	—	—	—
奥氏体	1Cr18Mn8Ni5N	≤0.10	≤1.00	7.5~10	≤0.030	≤0.060	17~19	4~6	—	—	—
奥氏体	00Cr17Ni14Mo2	≤0.03	≤1.00	≤2.00	≤0.030	≤0.035	16~18	12~16	—	1.8~2.5	—
奥氏体	0Cr18Ni12Mo2Ti	≤0.08	≤1.00	≤2.00	≤0.030	≤0.035	16~19	11~14	$5\times C\%-0.7$	1.8~2.5	—
奥氏体	1Cr18Ni12Mo2Ti	≤0.12	≤1.00	≤2.00	≤0.030	≤0.035	16~19	11~14	$5\times(C\%-0.02)-0.8$	1.8~2.5	—
奥氏体	00Cr17Ni14Mo3	≤0.03	≤1.00	≤2.00	≤0.030	≤0.035	16~18	12~16	—	2.5~3.5	—
奥氏体	0Cr18Ni12Mo3Ti	≤0.08	≤1.00	≤2.00	≤0.030	≤0.035	16~19	11~14	$5\times C\%-0.7$	2.5~3.5	—
奥氏体	1Cr18Ni12Mo3Ti	≤0.12	≤1.00	≤2.00	≤0.030	≤0.035	16~19	11~14	$5\times(C\%-0.02)-0.8$	2.5~3.5	—
奥氏体	0Cr18Ni18Mo2Cu2Ti	≤0.07	≤1.00	≤2.00	≤0.030	≤0.035	17~19	17~19	$\geq7\times C\%$	1.8~2.2	Cu1.8~2.2
奥氏体	0Cr17Mn13Mo2N	≤0.08	≤1.00	12~15	≤0.030	≤0.060	16.5~18	—	—	1.8~2.2	N0.2~0.3
奥氏体	0Cr17Mn13N	≤0.08	≤1.00	13~15	≤0.030	≤0.040	16.5~18	—	—	—	N0.23~0.31
奥氏体	1Cr18Ni9Se	≤0.12	≤1.00	≤2.00	≤0.030	≤0.060	18~20	8~11	—	—	Se0.15~0.30

续表

类别	钢号	化学成分									
		C	Si	Mn	S	P	Cr	Ni	Ti	Mo	其他
沉淀硬化型	0Cr17Ni4Cu4Nb	≤0.07	≤1.00	≤1.00	≤0.030	≤0.035	15.5~17.5	3~5	—	—	Cu3.0~5.0 Nb0.15~0.45
	0Cr17Ni7Al	≤0.09	≤1.00	≤1.00	≤0.030	≤0.035	16~18	6.5~7.5	—	—	Al0.75~1.50
	0Cr15Ni7Mo2Al	≤0.09	≤1.00	≤1.00	≤0.030	≤0.035	14~16	6.5~7.5	—	—	Al0.75~1.50
双相	00Cr25Ni5Ti	≤0.03	≤1.00	≤1.50	≤0.030	≤0.030	25~27	5~7	0.2~0.4	—	N≤0.03

表 4 - 11　　　　　　　　常用不锈钢的国内、外牌号对照

中国 GB（YB）	美国 AISI	日本 JIS	英国 BS	苏联 ГОСТ
1Cr17	430	SUS430、SUS24	430SIS、En60	X17（ЭЖ17）
1Cr13	403	SUS403、SUS21	403S17、En56A、En56AM、S61	1X13（ЭЖ1、Ж1）
2Cr13	410	SUS410J1、SUS22	410S21、En56B、En56C、S62	2X13（ЭЖ2）
3Cr13	420	SUS420J2、SUS23	420S37、420S45、En56M、STA5/V25M	3X13（ЭЖ3、Ж3）
1Cr17Ni2	431	SUS431、SUS44	431S29、En57、S80	X17H2（ЭИ268）
9Cr18	—	—	—	X18（9X18、ЭИ229）
00Cr18Ni10	304L	SUS340L、SUS28	304S12	00X18H10（0X18H9、ЭЯО）
0Cr18Ni9	304	SUS304、SUS27	304S15、304S16、En58	1X18H9（X18H9、ЭЯ1）
1Cr18Ni9	302	SUS302、SUS40	302S25、En58A、STA5/V27	2X18H9（ЭЯ2）
2Cr18Ni9	442	SUS440F	442S19	1X18H9T（X18H9T、ЭЯ1T）
1Cr18Ni9Ti	321	SUS321、SUS29	321S20、En588、En58C、S110	OX18H12B（X18H11B、ЭИ724、ЭИ298、ЭИ402）
1Cr18Ni11Nb	347、348	SUS347、SUS43	347S17、En58F、～En58G、1631B、Nb	X17AГ9H4（ЭИ878）
1Cr18Mn8NiSN	202、204、204L	SUS202	—	X18H12M2T（ЭИ$^{400}_{401}$）
1Cr18Ni12Mo2Ti	316	SUS32	En58H	X18H12M3T（ЭИ432）
1Cr18Ni12Mo3Ti	317	—	～En58J	—
00Cr17Ni14Mo2	316L	SUS316JH、SUS33	316S12	—
00Cr17Ni14Mo3	317L	—	—	—
0Cr17Ni4Cu4Nb	630（17 - 4PH）	SUS630	—	—
0Cr17Ni7Al	531（17 - 7PH）	SUS631、SUS631J	—	X17H7Ю
0Cr15Ni7Mo2Al	632（PH15 - 7Mo）	—	—	—

　　2）控制水质。在核电站，不锈钢的应力腐蚀破裂最引人注目，其接触介质中的氧化物、溶解氧及碱的浓度会加速其应力腐蚀破裂。所以，降低这些物质的含量，合理控制水质，对确保核电站的安全运行很重要。

　　压水堆二回路类似于常规火力发电厂的锅炉 - 汽轮机回路，二回路启动操作时，为防止大量的腐蚀产物进入蒸汽发生器，给水必须除氧和控制 pH 值；处于备用状态时，必须采用停炉湿保养；对运行中的蒸汽发生器，既要控制给水水质，又要严格控制蒸汽发生器水质。有关水质指标见第六章。

　　二回路水化学工况可采用加 NH_3、N_2H_4 的全挥发性处理，这种处理可以彻底除氧和防止给水管路的腐蚀，在蒸汽发生器中不会发生局部浓缩，但要特别注意凝汽器的可靠性。二

回路也有采用加吗啉或乙醇胺（ETA）、N_2H_4 处理的。

3）防止敏化。在核电站运行工况下，在 20～650℃ 的高纯水中，敏化的不锈钢和高合金钢会出现晶间应力腐蚀破裂。因为对设备完全消除应力实际上不可能，因此防止晶间应力腐蚀破裂的主要手段是防止材料敏化，主要有如下方法。

a. 采用超低碳钢和稳定钢：如前所述，为防止晶间应力腐蚀破裂可采用超低碳钢或稳定钢。如 18-9 型钢，若其碳含量降至 0.03%～0.04% 以下或对其加稳定化元素钛或铌，在危险温度下也能防止敏化。一般认为超低碳钢比稳定钢更耐晶间腐蚀和晶间应力腐蚀破裂。

b. 热处理：在 400～800℃ 的温度下电焊或加热不锈钢之后，再次淬火，即加热至 950～1100℃ 并保温一定时间，使碳的铬化物溶入奥氏体中，然后快冷以防止碳的铬化物在晶间析出。这种方法可以消除不锈钢的敏化，在一定条件下能防止其发生晶间应力腐蚀破裂。

如果奥氏体不锈钢敏化是由于再次淬火、高温慢冷却产生的，则可用水淋洗或空气吹洗方法，使残余应力减小。

为了保持设备尺寸的稳定性，也可以在 500～600℃ 温度下进行处理，然后缓冷。这种处理方法仅适于允许有残余应力而晶间腐蚀倾向小的设备。

通常，热处理温度越高、时间越长，应力消除越彻底。对含钛、铌的稳定化不锈钢在 850～900℃ 进行稳定化热处理，既可以很好地消除其残余应力，又有利于钢中 TiC、NbC 的形成和减少碳铬化物沿晶界析出，从而能降低其对晶间应力腐蚀破裂的敏感性。

对经加工、焊接后具有较高应力的设备，为消除其应力可进行局部热处理。如果在 700～900℃ 下消除应力，要防止铁素体-奥氏体双相的出现，因为这可以使钢的塑性和韧性下降。

目前生产的 18Cr-8Ni 不锈钢板及管材，通常是经热处理后急冷，然后平整、矫直、酸洗后出厂。对于要求耐应力腐蚀破裂的材料应在平整、矫正后再进行一次热处理以消除残余应力，然后进行酸洗。

c. 改善焊接：通常，在设备的焊口处容易发生应力腐蚀破裂。管内水冷焊接法能将焊接的残余应力变为压应力，同时可消除焊接过程中材料出现的敏化。

4）电化学保护。在电化学保护防止应力腐蚀破裂方面，人们仅对氯化物引起破裂的情况进行了研究。试验表明，较低电流的阴极保护能防止应力腐蚀破裂。核电站与一回路、二回路水汽接触的设备一般不考虑采用阴极保护，因为一回路、二回路水汽的电导率小，阴极保护的效果不好。

4. 不锈钢的晶间腐蚀与防止

在压水堆的高温高纯水中，经敏化处理的奥氏体不锈钢会不会发生晶间腐蚀，人们曾进行过许多研究。苏联的一些研究人员认为，经敏化处理的奥氏体不锈钢及其焊件，在中性或中性偏酸性的高温高纯水中会发生晶间腐蚀。目前压水反应堆尽管在碱性水条件下运行，但是在其缝隙中水可能呈酸性，因此要注意防止压水堆中奥氏体不锈钢的晶间腐蚀问题。

所谓晶间腐蚀，是金属中某种微量的第二组分在晶界或晶界附近发生偏析或析出，使晶界附近区域的电位比晶粒内部电位低而优先被腐蚀。不锈钢遭受晶间腐蚀后，其表面几乎看不出破坏的形态，而实际上却丧失了强度。

奥氏体不锈钢的晶间腐蚀和晶间应力腐蚀破裂的区别是：就裂纹形态而言，二者裂纹均是沿晶界呈网状分布，但是晶间腐蚀一般都出现在与腐蚀介质相接触的部件的整个表面上，而不是在局部；晶间腐蚀的晶间裂纹没有分支，且深度比较均匀；晶间腐蚀在强、弱腐蚀性介质中均可发生；晶间腐蚀有较明显的腐蚀产物，与所受应力的大小、方向无关。

（1）不锈钢晶间腐蚀的机理。关于奥氏体不锈钢晶间腐蚀的解释很多，但一般均用贫铬理论来阐明。

贫铬现象与铬的碳化物和氮化物的固溶度有关，碳和氮在奥氏体不锈钢中的固溶度随温度变化而变化。例如，温度为1050～1100℃及以上时，碳在18Cr9Ni不锈钢中的固溶度为0.10%～0.15%或更多一些，温度由此急降，可使碳全部固溶在奥氏体中；但是在500～700℃温度范围内，固溶的碳量最多不超过0.02%，如果将经固溶处理后的奥氏体不锈钢在500～850℃加热（例如焊接），过饱和的碳会全部或部分地从钢中析出，形成碳铬化物〔主要是（Cr、Fe）$_{23}$C$_6$型〕，并分布于晶界。此外，还可能有铬的氮化物析出。但由于氮在奥氏体不锈钢中的固溶度较大，例如在700℃时，溶氮量约为0.07%，所以只有在特别加氮的不锈钢中才考虑铬的氮化物的析出。在析出的碳化铬中，其铬含量比钢的基体高，使得碳化物附近的晶界区贫铬，即形成贫铬区。

贫铬理论可用化学方法和电化学方法证实。化学方法是对晶间腐蚀的腐蚀产物进行化学分析。化学分析结果表明，腐蚀产物中铁与铬的比例显著超过了奥氏体基体中铁与铬的比例。电化学方法表明，钢在晶间腐蚀时其溶解速度提高，是由于在晶界铬含量降低了；随着铬含量降低，钝化区内的溶解速度显著提高。图4-33为固溶体中铬的浓度从18%降到2.8%的阳极极化曲线。

由图4-33可知，有晶间腐蚀倾向的钢在较正的电位下发生活化；随着铬含量的降低，钝化区内的溶解速度显著提高。

图4-34为敏化不锈钢晶间贫铬区示意图。

由这种贫铬导致的晶间腐蚀主要发生在活化-钝化过渡区，而且多数发生在弱氧化性介质中。

（2）晶间腐蚀的影响因素。影响奥氏体不锈钢晶间腐蚀的因素很多，例如钢的成分、加热时间、加热温度及腐蚀介质等。下面对这些影响因素加以讨论。

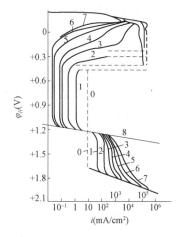

图4-33　Fe-Cr合金和Cr在10%H$_2$SO$_4$溶液中的阳极极化曲线

0—Fe；1—2.8%Cr；2—6.7%Cr；3—9.5%Cr；4—12%Cr；5—14%Cr；6—16%Cr；7—18%Cr；8—100%Cr

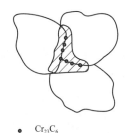

● Cr$_{23}$C$_6$

▨ 贫铬区

图4-34　敏化不锈钢晶间贫铬区示意图

1）加热温度和时间的影响。通常，钢种及其化学成分不同，产生晶间腐蚀的实际温度和加热时间范围不同，这只能依靠试验来测定。图4-35所示为产生晶间腐蚀倾向的加热温度与时间范围的实验曲线，即TTS曲线。线的左侧表示不产生晶间腐蚀的区域，右侧表示产生晶间腐蚀的范围。这条曲线对研究钢材的晶间腐蚀很有益，但它不能说明晶间腐蚀的程度。

通常，奥氏体不锈钢产生晶间腐蚀的温度范围是500～700℃，而最为敏感的温度范围是650～750℃。

在某一温度下，随着加热时间延长，奥氏体不锈钢晶间腐蚀倾向加重，但是加热时间过长，会完全消除晶间腐蚀倾向，如图4-36

所示。因为随着敏化时间增加，析出的碳化物逐渐增多，贫铬程度加重，使得晶间腐蚀倾向加重；但加热时间过长，析出的碳化物会逐渐凝聚，使颗粒之间的贫铬区不再连续，同时铬也不断地从晶粒内部扩散到晶界区，从而消除了晶间腐蚀倾向。

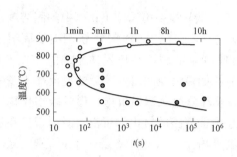

图 4-35　加热温度和时间对奥
氏体不锈钢晶间腐蚀的影响
●—在沸腾 $CaSO_4$ 溶液中有晶间腐蚀；
○—无晶间腐蚀

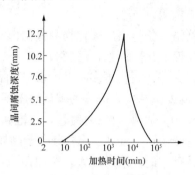

图 4-36　加热时间对 Cr18Ni9
钢晶间腐蚀深度的影响
（含碳 0.08%，650℃敏化）

2）合金元素的影响。

a. 铬：奥氏体不锈钢中铬含量增大，可以使已达到平衡的贫铬区的铬含量增大，因此，增加铬含量可以减小晶间腐蚀倾向。

b. 碳和镍：图 4-37 为合金元素镍和碳对奥氏体不锈钢晶间腐蚀的影响。由图可见，随着碳含量增加，奥氏体不锈钢晶间腐蚀的倾向增大。因此，为了提高钢对晶间腐蚀的稳定性，必须降低其中的碳含量。当碳含量一定时，时间-温度图中晶间腐蚀区的位置随镍含量增加而发生变化，即镍含量增加时，晶间腐蚀倾向增加。镍的这种影响是由于钢中镍含量增加，碳的固溶度降低，造成晶界有较多的碳铬化合物析出，从而晶界更贫铬，对晶间腐蚀更敏感。

c. 钛和铌：添加钛和铌能阻止碳化铬的生成，从而有效防止晶间腐蚀。

d. 氮：能扩大出现晶间腐蚀的温度范围，对晶间腐蚀有不良影响。

3）腐蚀介质的影响。奥氏体不锈钢在酸性介质中、在高温下会发生最严重的晶间腐蚀。当温度高于 100℃时，在高压下，如水和蒸汽中的氧含量超过 0.1～0.3mg/L，奥氏体不锈钢将产生晶间腐蚀；在除氧的水和蒸汽中，奥氏体不锈钢不发生晶间腐蚀。因此，在一定条件下，酸性介质和溶解氧均可导致奥氏体不锈钢发生晶间腐蚀。

（3）防止晶间腐蚀的方法。

1）加入合金元素：加入钛、铌有利于降低奥氏体不锈钢的晶间腐蚀倾向，因为它们能与碳形成很稳定的碳化物，因而不会生成碳化铬，不会出现晶界贫铬现象。

加入钢中的钛和铌的量取决于钢中的碳含量，可按下式确定：

$$Ti\% = 5（C\% - 0.03）$$
$$Nb\% = 10（C\% - 0.03）$$

2）合理选择介质：严格控制介质中的氧含量；提高介质的 pH 值，使钢处于钝化电位区。

3）降低碳含量：如前所述，降低碳含量可以减小晶间腐蚀倾向。在 18Cr-8Ni 不锈钢

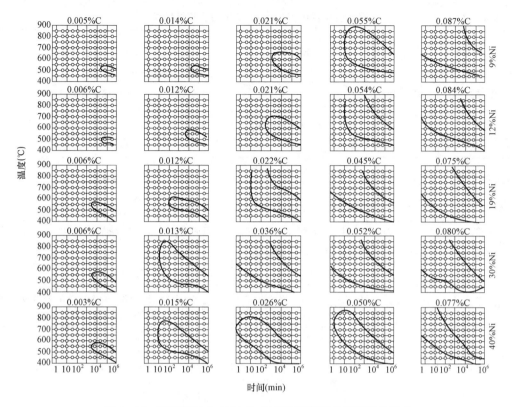

图 4 - 37　镍和碳对含 18％ Cr 奥氏体不锈钢晶间腐蚀的影响

中，不引起晶间腐蚀的最大碳含量与铬含量的关系式为

$$Cr-80\times C\geqslant 16.8$$

即当钢中含 18％铬时极限碳含量小于或等于 0.015％，含 19％铬时极限碳含量小于等于 0.03％。

4）合理的热处理工艺：应该避免奥氏体不锈钢在敏化温度范围内受热，受热后应重新对钢进行固溶处理。

六、镍基合金的腐蚀与防护

为解决蒸汽发生器中奥氏体不锈钢管的氯离子应力腐蚀破裂问题，一些国家广泛采用因科镍 - 600 和因科洛依 - 800 合金作为管材，也有用因科镍 - 690 的。它们都具有良好的冷、热加工性能，低温机械性能，耐氧化性能和耐高温腐蚀性能，特别是有良好的耐氯离子应力腐蚀破裂性能。但是在高温、应力、浓碱条件下，因科镍 - 600 和因科洛依 - 800 合金仍可能发生苛性应力腐蚀破裂、晶间腐蚀，下面加以介绍。

（一）因科镍 - 600 的腐蚀与防护

1. 苛性应力腐蚀破裂与防止

因科镍 - 600 在高温、高浓度的碱溶液中会发生苛性应力腐蚀破裂，见表 4 - 12。

由表 4 - 12 可以看出，因科镍 - 600 的苛性应力腐蚀破裂是由于有游离 NaOH，且局部浓缩以及应力造成的，而且主要出现在二回路侧。

表 4 - 12 蒸汽发生器中因科镍 - 600 的应力腐蚀破裂

核反应堆名称	事故时期（年）	破损部位	腐蚀情况	腐蚀原因
康涅狄克	1970～1972	距离管板 2.5～15.2cm 处的管子	晶间裂纹	游离碱和局部应力
圣奥诺弗莱	1970	U 形管段及挡板附近管子		游离碱和局部应力
贝茨瑙 - 1	1971	管板缝隙处和距管板 2.5～15.2cm 处的管子	晶间裂纹	游离碱和局部应力
鲁宾逊 - 2	1971～1972	距管板几厘米处的管子	晶间裂纹	游离碱和局部应力
尖角滩 - 1	1971～1972	距管板几厘米处的管子	晶间裂纹	游离碱和局部应力
奥布里希海姆	1971～1972	U 形弯管及管板附近管子		二回路侧引起的晶间腐蚀
阿杰斯塔	1964	检查管	晶间裂纹	残余应力，大量碳化物沉积，游离碱和溶解氧
美滨 - 1	—	管子曲率（230cm）较小处		二回路侧腐蚀
哈达姆海峡	—	管板之上 25mm 处一根管子破损，另有一根管子断裂	晶间裂纹	—

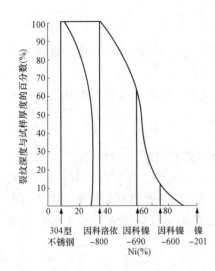

图 4 - 38 在 50%NaOH 除氧溶液中
不同金属的应力腐蚀破裂
（U 形试样，316℃，试验 5 周）

研究表明，合金的化学成分、热处理、碱液浓度、温度、介质氧含量等对因科镍 - 600 应力腐蚀破裂有影响。图 4 - 38 表示的是 316℃、50%NaOH 除氧溶液中，Fe - Cr - Ni 合金的镍含量对应力腐蚀破裂的影响。由图 4 - 38 可见，随着镍含量增加，合金耐苛性应力腐蚀破裂的能力增强。在含氧的高温碱性溶液中，需要同时提高铬、镍含量才能改善合金的耐苛性应力腐蚀破裂性能。例如，在 300℃ 含氧的 50%NaOH 溶液中，含 Cr 高的 25Cr - 20Ni、30Cr - 42Ni、30Cr - 60Ni 比含 Cr 低的 304 不锈钢、因科洛依 - 800、因科镍 - 600 有较高的耐应力腐蚀破裂性能。

图 4 - 39 为在 300℃、50%NaOH 溶液中 Cr、Fe 含量对高镍合金应力腐蚀破裂的影响。由图可见，当铬含量高于 28% 时，不产生应力腐蚀破裂；当铬含量低于 28%、铁含量为 6%～11% 时，发生应力腐蚀破裂。因科镍 - 600 的合金成分 Cr、Fe 的含量正好在此范围，所以为提高耐苛性应力腐蚀破裂的能力，应对因科镍 - 600 的化学成分适当调整。研究指出，因科镍 - 600 经 593～649℃ 热处理后，其耐苛性应力腐蚀破裂的性能可得到提高。

图 4 - 40 表示在 pH 值为 10 的水溶液中，温度和溶解氧对因科镍 - 600 合金阳极极化曲线的影响。由图 4 - 40 可知，温度升高，其极化曲线中致钝电位向正方向移动，使钝化区缩小；溶液中氧含量增大时，极化曲线中维钝电流密度增大。这表明温度升高、水中溶解氧增加均可促进因科镍 - 600 的应力腐蚀破裂。此外，在干湿交替的区域内会造成水中碱的局部浓缩，从而产生苛性应力腐蚀破裂。

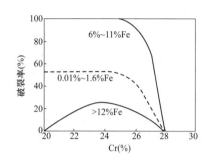

图 4 - 39　Cr、Fe 含量对高镍合金应力腐蚀破裂的影响（U 形试样，试验 27 天）

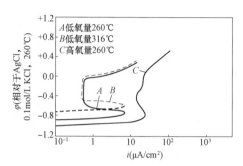

图 4 - 40　温度、溶解氧对因科镍 - 600 合金阳极极化曲线的影响

防止因科镍 - 600 苛性应力腐蚀破裂的主要措施是，防止游离 NaOH 的产生，消除存在于蒸汽发生器内的浓缩机构；其次是调整合金成分和消除应力。

2. 晶间应力腐蚀破裂与防止

在实验室中曾对因科镍 - 600 在高温高纯水中发生晶间应力腐蚀破裂的问题进行过许多研究。大量事实表明，因科镍 - 600 对晶间应力腐蚀破裂是敏感的，即使在相当纯的水溶液中也会发生破裂。

一般来说，压力、溶解氧、温度、敏化、晶粒度等对因科镍 - 600 晶间应力腐蚀破裂的敏感性有影响。

图 4 - 41 表示在高温水（343～349℃）中，应力对因科镍 - 600 应力腐蚀破裂的影响。由图 4 - 41 可知，应力越大，破裂所需时间越短。一般认为接近或超过 $\sigma_{0.2}$ 的应力是破裂所必需的应力值。

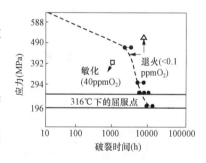

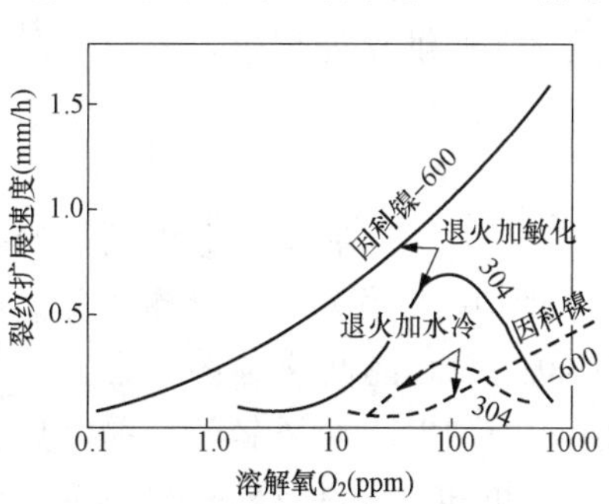

图 4 - 41　高温水中应力对因科镍 - 600 应力腐蚀破裂的影响
□—科里奥公司试验数据；●—克拉克公司试验数据；△—B&W 公司试验数据

水中溶解氧能加速晶间应力腐蚀破裂。在 pH ＝ 10、316℃的高温水中进行试验，溶解氧对因科镍 - 600 和 304 不锈钢应力腐蚀破裂的裂纹扩展速度的影响，如图 4 - 42 所示。

图 4 - 43 为在高温水中，溶解氧、压力、温度对因科镍 - 600 应力腐蚀破裂的影响。水中溶解氧浓度高时，裂纹出现的时间缩短。试验证实，温度对晶间应力腐蚀破裂的影响也比较明显，220～350℃ 是腐蚀加速的温度范围。由于因科镍 - 600 在固溶处理过程中的"自敏化效应"，固溶态因科镍 - 600 也会

图 4 - 42　溶解氧对因科镍 - 600 和不锈钢应力腐蚀破裂裂纹扩展速度的影响（双 U 形管试样）

发生晶间应力腐蚀破裂。此外，构件存在缝隙时，会加速因科镍-600的晶间应力腐蚀破裂。例如，在220～350℃高纯水中，因科镍-600破裂前的潜伏期约为5000～10000h；其裂纹传播速度：无缝隙时为0.02mm/1000h，有缝隙时为0.3mm/100h。试验表明，在350℃的高温水中，因科镍-600与异种金属接触时，后者对其晶间应力腐蚀破裂有影响（见表4-13）。

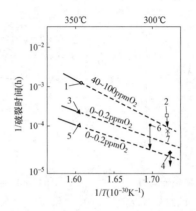

图4-43　溶解氧、应力、温度对因科镍-600应力腐蚀破裂的影响（无缝隙）

1—敏化，394.2MPa；2—敏化，274.6MPa；3—退火，394.2MPa；

4—退火，敏化，274.6MPa；5—退火，274.6MPa；6—退火，343.2MPa；7—波纹管

表4-13　　　　　　　　　高温水中异种金属对因科镍-600应力腐蚀破裂的影响

条件	1200h	1500h	条件	1200h	1500h
因科镍-600，单独	0/9[①]	20/20	因科镍-600与304型不锈钢	1/10	10/10
因科镍-600与白金	0/9	0/7	因科镍-600与碳钢	4/10	—

①　0/9表示9个试样的破裂为0，其余类推。

防止因科镍-600晶间应力腐蚀破裂的措施有：①调整材料成分；②进行消除应力的热处理，如在593～649℃温度范围内对因科镍-600进行热处理，可提高其在高温、纯水中的耐晶间应力腐蚀破裂能力；③消除构件的缝隙以及细化晶粒均可改善因科镍-600的耐晶间应力腐蚀破裂性能。

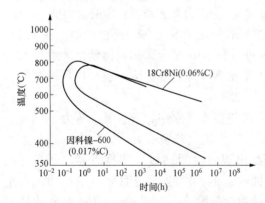

图4-44　因科镍-600的晶间腐蚀图

3. 晶间腐蚀与防止

因科镍-600经敏化处理后，形成了晶界碳化物网和相应的贫铬区，从而易出现晶间腐蚀。

因科镍-600不仅可在焊接过程中被敏化，而且在高温下即使时间很短也会严重敏化。图4-44为因科镍-600晶间腐蚀图。为比较起见，图中还给出了18-8型不锈钢的晶间腐蚀图。由图4-44可知，因科镍-600在350℃温度下约1000h后会发生敏化；而18-8型不锈钢在同样温度下使用，在40年内不存在敏化

问题。因此，当蒸汽发生器采用因科镍‑600作为管材时，应考虑其长期处于运行温度下的敏化问题。

（二）因科洛依‑800的腐蚀与防护

因科洛依‑800的镍含量约为32%，1972年开始被用来作压水堆蒸汽发生器管材。研究认为这种合金在高温水中既可耐穿晶应力腐蚀破裂，又可耐晶间应力腐蚀破裂。但因科洛依‑800在使用中还是可能发生晶间腐蚀、晶间应力腐蚀破裂和苛性应力腐蚀破裂。

1. 晶间腐蚀与防止

实践证实，碳含量对因科洛依‑800的耐晶间腐蚀性能有影响。若在合金中加Ti，同时将碳含量降至0.01%左右，能提高其稳定化程度，因此用Ti/C比或Ti/（C+N）比表示稳定化程度。图4‑45为稳定化程度对因科洛依‑800晶间腐蚀性能的影响，由图可见，当Ti/C≥12时，其晶间腐蚀深度明显降低。因此，对目前应用于压水堆蒸汽发生器的因科洛依‑800管，规定Ti/C≥12，Ti/（C+N）≥8。

一般认为，经533～760℃温度敏化的因科洛依‑800对晶间腐蚀敏感。图4‑46示出了因科洛依‑800的晶间腐蚀图。为了比较起见，同时列入了因科镍‑600的晶间腐蚀图。由图可知，因科洛依‑800在高温下经过较短时间就会敏化。因此，当它用作蒸汽发生器管材时，应小心控制焊接温度，以防敏化。通常，焊接厚壁的因科洛依‑800管，敏化是很难避免的。因此，减薄管壁、提高因科洛依‑800的高温机械性能很重要。

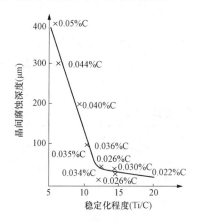

图4‑45　因科洛依‑800的晶间腐蚀
性能与稳定化程度的关系

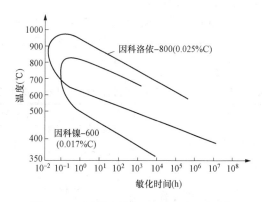

图4‑46　因科洛依‑800（硫酸‑硫酸铜
试验）、因科镍‑600（硫酸‑硫酸铁
试验）晶间腐蚀图

图4‑47是合金A、B、C、D的晶间腐蚀图（四种合金的性质见表4‑14）。由图中曲线A、B可知，降低固溶处理温度，可改善其耐晶间腐蚀性能，因为降低固溶处理温度，可细化晶粒，并且使C、Ti易于结合。由图中曲线C、D可知，细化晶粒能提高其耐晶间腐蚀性能，因为晶粒细小，晶粒边界增大，形成连续网形的晶界

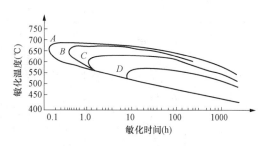

图4‑47　合金A、B、C、D的晶间腐蚀图

碳化物的可能性就小。图中曲线 D 是对因科洛依-800 采用降低碳含量、固溶处理温度和细化晶粒等综合措施后所得到的晶间腐蚀图。很明显，此时的因科洛依-800 的耐晶间腐蚀性能明显提高。

表 4-14   合金 A、B、C、D 的化学成分、热处理方式

材料	热处理	化学成分（%）								
		C	Si	Mn	Cr	Ni	Ti	Al	Ti/C	Ti/（C+N）
A（片）	1150℃，20min，水淬	0.036	0.56	0.46	20.9	31.8	0.41	0.24	11.4	7.1
B（片）	980℃，20min，水淬	0.036	0.56	0.46	20.9	31.8	0.41	0.24	11.4	7.1
C（片）	980℃，20min，水淬	0.026	0.49	0.55	21.0	33.5	0.40	0.36	15.4	9.1
D（管）	980℃，5min，空冷	0.015	0.55	0.56	20.7	33.6	0.42	0.21	28.0	13.1

2. 晶间应力腐蚀破裂与防止

在 Cl⁻、O₂ 含量较低的高温纯水中，因科洛依-800 一般不发生晶间应力腐蚀破裂；但是，因科洛依-800 在 Cl⁻、O₂ 含量较高的高温水中会发生晶间应力腐蚀破裂，见表 4-15。

表 4-15   因科洛依-800 在高温水中的应力腐蚀破裂

合金	试样	水质条件				试验时间（h）	应力腐蚀破裂情况
		温度（℃）	pH（25℃）	O₂（mg/L）	Cl⁻（mg/L）		
因科洛依-800	双 U 形试样	300	4	饱和	500	300	破裂
		300	7	饱和	500	200～600	
		300	10	饱和	500	300	
	应力>σs	300	2.8	50	100	<500	
		300	6.5	50	100	2000	有较小裂纹
		300	10.5	50	100	2000	未破裂
347 型不锈钢	应力>σs	300	2.8	50	100	<300	破裂
		300	10.5	50	100	<300	
因科镍-600	应力>σs	300	2.8	50	100	2000	未破裂
		300	6.5	50	100	1000	
		300	10.5	50	100	1300	

合金	试样	水质条件				试验时间（h）	应力腐蚀破裂情况
		温度（℃）	pH（25℃）	O_2（mg/L）	Cl^-（mg/L）		
固溶的因科洛依 - 800	双 U 形试样	316	气相充氧			672	裂纹深度 762～1270μm
敏化的因科洛依 - 800		316				336	裂纹深度 178～1143μm
固溶的因科镍 - 600	双 U 形试样	295±5	8.9±0.2	1±0.5	20	7800	外弯处最大侵蚀深度为 35μm，内弯处最大侵蚀深度为 60μm
固溶的因科洛依 - 800		295±5	8.9±0.2	1±0.5	20	7800	未破裂
316 型不锈钢	单 U 形和双 U 形试样，均为交替状态	300	—	0.4	0.2～4.5	1410	裂纹深度 1700～1900μm
316L 型不锈钢		300	—	0.4	0.2～4.5	1410	未破裂
因科洛依 - 800		300	—	0.4	0.2～4.5	1410	
因科镍 - 600		300	—	0.4	0.2～4.5	1410	裂纹深度 650～900μm
固溶的因科洛依 - 800	恒应力试样，应力＝1.1$\sigma_{0.2}$	300	6.3～6.4	0.005～0.03	<1	17280	未破裂
固溶的因科镍 - 600		300	6.3～6.4	0.005～0.03	<1	17280	
固溶的 304 型不锈钢	恒应力试样，应力＝2.5$\sigma_{0.2}$	300	6.3～6.4	0.1～2.1	<1	2935	
敏化的 304 型不锈钢		300	6.3～6.4	0.1～2.1	<1	2935	1272h 后破裂
固溶的因科洛依 - 800	应力＝2.2 - 2.5$\sigma_{0.2}$	300	6.3～6.4	0.1～2.1	<1	2935	未破裂
敏化的因科洛依 - 800	应力＝2.5$\sigma_{0.2}$	300	6.3～6.4	0.1～2.1	<1	2935	
固溶的因科镍 - 600	应力＝2.2 - 2.5$\sigma_{0.2}$	300	6.3～6.4	0.1～2.1	<1	2935	
敏化的因科镍 - 600	应力＝2.5$\sigma_{0.2}$	300	6.3～6.4	0.1～2.1	<1	2935	未破裂
因科洛依 - 800	双 U 形试样	295±5	5.7±0.3	7.7±0.4	100	2034	晶间应力腐蚀破裂
589℃敏化 20h 的因科洛依 - 800	应力＝100MPa	290	—	100		47	未破裂
589℃敏化 20h 的因科洛依 - 800	应力＝241MPa	290	—	120		67	部分破裂
0Cr18Ni9Ti	双 U 形试样	330	6.6	8	100	2177	穿晶破裂
00Cr26Ni37Mo3Cu4	双 U 形试样	330	6.6	8	100	7500	未破裂
因科镍 - 600	双 U 形试样	330	6.6	8	100	7500	晶间应力腐蚀破裂
00Cr20Ni35AlTi	双 U 形试样	330	6.6	8	100	7500	未破裂

为了防止因科洛依 - 800 产生晶间应力腐蚀破裂，可以采用控制碳化物析出的方法。这一方法是反复冷却和退火，使碳以过饱和固溶的形式细化分散析出，既不沿晶界又均匀分布在晶粒内。对长时间敏化的因科洛依 - 800 所做的斯特劳斯试验表明，采用这种控制碳化物析出的方法，能提高其耐晶间应力腐蚀破裂性能（见表 4 - 16）。

表 4 - 16   650℃下敏化时间与因科洛依 - 800 晶间应力腐蚀穿透深度的关系（斯特劳斯试验）

敏化时间（h）	晶间应力腐蚀深度（μm）		敏化时间（h）	晶间应力腐蚀深度（μm）	
	退火温度 1060℃	退火温度 900℃		退火温度 1060℃	退火温度 900℃
0.25	500～600	4～6	30	试样破损	0
1	600～800	4～6	100	试样破损	0
3	800～900	2～4	300	50	0
10	1000	4	1000	25	0

3. 苛性应力腐蚀破裂与防止

高温电化学试验和高压釜试验表明，在高浓度碱液中，因科洛依 - 800 对苛性应力腐蚀破裂是敏感的。在高温的 $10\%\sim50\%$NaOH 溶液中的试验表明，因科洛依 - 800 的耐蚀性能优于奥氏体不锈钢，但劣于因科镍 - 600。在高温高浓度碱溶液中，因科洛依 - 800 在低应力下就出现破裂；在高温低浓度碱液中（10%NaOH），它比因科镍 - 600 破裂的起始应力高。

综上所述，一般认为因科镍 - 600、因科洛依 - 800 耐各种腐蚀的性能有以下关系：

（1）在含 Cl^-、O_2 的高温水中，耐晶间应力腐蚀破裂的能力是因科洛依 - 800 优于因科镍 - 600。

（2）在含 Cl^-、O_2 的高温水中，耐氯离子应力腐蚀破裂的能力是因科镍 - 600 优于因科洛依 - 800。

（3）在含 Cl^-、O_2 的高温水中，耐点腐蚀和缝隙腐蚀的能力是因科洛依 - 800 优于因科镍 - 600。

（4）在含强碱、O_2（或不含）的高温水中，耐苛性应力腐蚀破裂的能力是：当碱液浓度高于 10% 时，因科镍 - 600 优于因科洛依 - 800；当碱液浓度低于 10% 时，因科洛依 - 800 优于因科镍 - 600。

为了提高材料的抗蚀性能，德国对蒸汽发生器传热管的因科洛依 - 800 管材，采取 1050℃固溶处理（空冷），使其产生 5% 的冷变形，并用喷射玻璃丸强化管子表面，取得了一定效果。美国在因科镍 - 600 的基础上研制了新型合金因科镍 - 690（30Cr60Ni），并已用于蒸汽发生器中。据报道，这种新型材料具有较强的抗蚀性能。

第三节   压水堆核电站二回路的腐蚀与防护

一、与二回路工作介质接触的热力设备的运行氧腐蚀与防止

根据腐蚀电化学的基本原理，在铁 - 水体系或铜 - 水体系中，氧有双重作用：可以作为阴极去极化剂，参加阴极反应，使金属的溶解加快，起着腐蚀剂作用；也可以作为阳极钝化剂，阻碍阳极反应过程的进行，起着保护作用。在某一体系中，究竟是哪一个作用为主，要根据具体条件进行具体分析。

与二回路工作介质接触的热力设备，除汽轮机、凝汽器管、低压加热器管和高压加热器管以及与一回路共有的蒸汽发生器管外，制造材料以碳钢为主，在安装、运行和停用期间都可能发生氧腐蚀，其中以在运行和停运期间的氧腐蚀最严重。

人们对金属氧腐蚀的了解比较早，防止氧腐蚀的方法也比较成熟。早在 20 世纪 30 年代，就已经采取了有效防止氧腐蚀的方法，如在火力发电给水系统安装热力除氧器，采用 Na_2SO_3 除氧等。由于发电机组参数不断提高，对给水溶解氧含量的限制逐步严格，促使热力除氧技术不断改进、化学除氧方法进一步完善。20 世纪 50 年代用 N_2H_4 代替 Na_2SO_3 作为除氧剂，20 世纪 80 年代以来，在火力发电给水化学除氧剂方面开发出新品种如二甲基酮肟等，都是为了适应高参数发电机组的需要。

（一）运行氧腐蚀的部位

金属发生氧腐蚀的根本原因是金属所接触的介质中含有溶解氧，凡有溶解氧的部位，都可能发生氧腐蚀。所以与二回路工作介质接触的热力设备运行时，氧腐蚀通常发生在给水系统、疏水系统、凝结水系统等。

（二）氧腐蚀的特征

在讨论运行氧腐蚀的特征之前，先分析钢铁氧腐蚀的一般特征。钢铁发生氧腐蚀时，其表面形成许多小鼓疱或瘤状小丘，形同"溃疡"。这些鼓疱或小丘的大小差别很大，表面的颜色也有很大差别，有的呈黄褐色，有的呈砖红色或黑褐色。鼓疱或小丘次层是黑色粉末状物质，把这些腐蚀产物去掉以后，便可看到因腐蚀造成的小坑，如图 4 - 48 所示。各层腐蚀产物

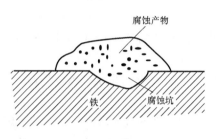

图 4 - 48 氧腐蚀特征示意

之所以有不同的颜色，是因为它们的组成不同或晶态不同。表 4 - 17 列出了铁的不同腐蚀产物的有关特征。

表 4 - 17　　　　　　　　　　　铁的不同腐蚀产物的特性

组成	颜色	磁性	密度 (g/cm³)	热稳定性
$Fe(OH)_2$ [①]	白	顺磁性	3.40	在 100℃时分解为 Fe_3O_4 和 H_2
FeO	黑	顺磁性	5.40~5.73	在 1371℃～1424℃时熔化，在低于 570℃时分解为 Fe 和 Fe_3O_4
Fe_3O_4	黑	铁磁性	5.20	在 1597℃时熔化
α-FeOOH	黄	顺磁性	4.20	约 200℃时失水生成 α-Fe_2O_3
β-FeOOH	淡褐	—	—	约 230℃时失水生成 α-Fe_2O_3
γ-FeOOH	橙	顺磁性	3.97	约 200℃时转变为 α-Fe_2O_3
γ-Fe_2O_3	褐	铁磁性	4.88	在大于 250℃时转变为 α-Fe_2O_3
α-Fe_2O_3	由砖红至黑	顺磁性	5.25	在 0.098MPa、1457℃时分解为 Fe_3O_4

① $Fe(OH)_2$ 在有氧的环境中是不稳定的，在室温下可变为 γ-FeOOH，α-FeOOH 或 Fe_3O_4。

由表 4 - 17 可知，低温时铁的腐蚀产物颜色较浅，以黄褐色为主；温度较高时，腐蚀产物的颜色较深，为砖红色或黑褐色。与二回路工作介质接触的热力设备运行时，其内表面所接触的水温一般比较高，所以小型鼓疱表面的颜色具有高温时的特点，即表面的腐蚀产物多为砖红色的 Fe_2O_3 或黑褐色的 Fe_3O_4；当然，所接触水温较低的部位，如凝结水系统，腐蚀产物是低温时产生的黄褐色 FeOOH，这是与二回路工作介质接触的热力设备运行氧腐蚀的

一个特点。

（三）腐蚀机理

在讨论与二回路工作介质接触的热力设备运行氧腐蚀机理之前，先介绍碳钢在中性 NaCl 溶液中氧腐蚀的机理。有的学者用碳钢浸在中性充气 NaCl 溶液中进行氧腐蚀试验，根据试验结果提出了氧腐蚀的机理，其要点如下。

碳钢表面由于电化学不均匀性，包括金相组织的差别、夹杂物的存在、氧化膜的不完整、氧浓度差别等因素，造成各部分电位不同，形成微电池，腐蚀反应为

阳极反应： $$Fe \rightarrow Fe^{2+} + 2e$$

阴极反应： $$O_2 + 2H_2O + 4e \rightarrow 4OH^-$$

所生成的 Fe^{2+} 进一步反应，即 Fe^{2+} 水解产生 H^+，反应式为

$$Fe^{2+} + H_2O \rightarrow FeOH^+ + H^+$$

钢中的夹杂物如 MnS 将和 H^+ 反应，其反应式为

$$MnS + 2H^+ \rightarrow H_2S + Mn^{2+}$$

所生成的 H_2S 可以加速铁的溶解，由于 H_2S 的加速溶解作用，腐蚀所形成的微小蚀坑将进一步发展。

由于小蚀坑的形成，Fe^{2+} 的水解，坑内溶液和坑外溶液相比，pH 值下降，溶解氧的浓度下降，形成电位差异，坑内的钢进一步腐蚀，蚀坑得到扩展和加深，其反应如图 4 - 49 所示。

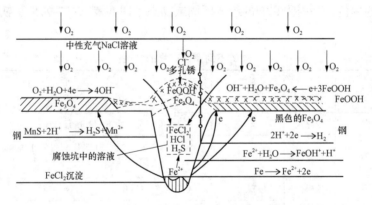

图 4 - 49　铁在中性 NaCl 溶液中的氧腐蚀机理示意图

在蚀坑内部：

阳极反应： $$Fe \longrightarrow Fe^{2+} + 2e$$

Fe^{2+} 的水解： $$Fe^{2+} + H_2O \longrightarrow FeOH^+ + H^+$$

硫化物溶解： $$MnS + 2H^+ \longrightarrow H_2S + Mn^{2+}$$

阴极反应： $$2H^+ + 2e \longrightarrow H_2$$

在蚀坑口：

$FeOH^+$ 氧化： $$2FeOH^+ + 1/2O_2 + 2H^+ \longrightarrow 2FeOH^{2+} + H_2O$$

Fe^{2+} 氧化： $$2Fe^{2+} + 1/2O_2 + 2H^+ \longrightarrow 2Fe^{3+} + H_2O$$

Fe^{3+} 水解： $$Fe^{3+} + H_2O \longrightarrow FeOH^{2+} + H^+$$

$FeOH^{2+}$ 水解： $$FeOH^{2+} + H_2O \longrightarrow Fe(OH)_2^+ + H^+$$

形成 Fe_3O_4：
$$2FeOH^{2+}+2H_2O+Fe^{2+}\longrightarrow Fe_3O_4+6H^+$$

形成 FeOOH：
$$Fe(OH)_2^{+}+OH^{-}\longrightarrow FeOOH+H_2O$$

在蚀坑外：

氧的还原：
$$O_2+2H_2O+4e\longrightarrow 4OH^-$$

FeOOH 的还原：
$$3FeOOH+e\longrightarrow Fe_3O_4+H_2O+OH^-$$

所生成的腐蚀产物覆盖坑口，这样氧很难扩散进入坑内。坑内由于 Fe^{2+} 水解，溶液的 pH 值进一步下降；硫化物溶解产生加速铁溶解的 H_2S；而 Cl^- 可以通过电迁移进入坑内，H^+ 和 Cl^- 都使蚀坑内部的阳极反应加速。这样蚀坑可进一步扩展，形成闭塞电池。

与二回路工作介质接触的热力设备运行时，其发生氧腐蚀的机理和碳钢在充气 NaCl 溶液中的机理相类似。虽然在充气 NaCl 溶液中氧、Cl^- 的浓度高，而热力设备运行时，水中氧和 Cl^- 的浓度都低得多，但同样具备闭塞电池腐蚀的条件。

（1）由于与二回路工作介质接触的热力设备内部表面的电化学不均匀性，可以组成腐蚀电池。阳极反应为铁的离子化，生成的 Fe^{2+} 会水解使溶液酸化，阴极反应为氧的还原。

（2）可以形成闭塞电池。因为腐蚀反应的结果产生铁的氧化物，所生成的氧化物不能形成保护膜，却阻碍氧的扩散，腐蚀产物下面的氧在反应耗尽后，得不到补充，因而形成闭塞区。

（3）闭塞区内继续腐蚀。因为钢变成 Fe^{2+}，并且水解产生 H^+，为了保持电中性，Cl^- 可以通过腐蚀产物电迁移进入闭塞区，O_2 在腐蚀产物外面蚀坑的周围还原成为阴极反应产物 OH^-。

（四）与二回路工作介质接触的热力设备运行氧腐蚀的影响因素

与二回路工作介质接触的热力设备运行时之所以发生氧腐蚀，是因为形成了闭塞电池。凡是促使闭塞电池形成的因素，都会加速氧腐蚀；反之，凡是破坏闭塞电池形成的因素，都会降低氧的腐蚀速度。金属表面保护膜的完整性直接影响闭塞电池的形成。当保护膜完整时，腐蚀速度小；如果保护膜不完整，形成蚀点就能发展成为闭塞电池。所以，影响膜完整的因素，也是影响氧腐蚀总速度和腐蚀分布状况的因素。各种因素对氧腐蚀所起的作用，要进行具体分析。

1. 水中溶解氧浓度的影响

溶解氧可能导致金属材料腐蚀，也可能使金属表面发生钝化。究竟起何种作用，取决于溶解氧的浓度和水的纯度等因素。当水里杂质较多时，氧只起腐蚀作用。在发生氧腐蚀的条件下，氧浓度增加，能加速电池反应。疏水系统中由于疏水箱一般不密闭，溶解氧浓度接近饱和值，因此氧腐蚀比较严重。

2. 水的 pH 值的影响

当水的 pH 值小于 4 时，pH 值降低，腐蚀速度增加。主要原因有两个：一是 H^+ 浓度较高，钢铁将发生强烈的酸性腐蚀，闭塞电池中的 H^+ 增加，阳极金属的溶解速度也增加；二是此时溶解氧的腐蚀作用相对较小，但氧腐蚀速度同样是随溶解氧浓度的增大而增大。例如，在凝结水系统和疏水系统，可能同时存在 O_2 和 CO_2，由于凝结水和疏水的含盐量低、缓冲性小，CO_2 的存在使水的 pH 值下降，加速钢的腐蚀；并且 pH 值越低，腐蚀速度越大。

当水的 pH 值为 4～10 时，水中 H^+ 浓度很低，析氢腐蚀作用的影响很小，钢腐蚀主要取决于氧浓度，随溶解氧浓度的增大而增大，与水的 pH 值关系很小，腐蚀速度几乎不随溶液 pH 值的变化而改变。而在这个 pH 范围内，如果溶解氧的浓度不改变，阴极反应速度几乎不变。

当水的 pH 值在 10～13 时，腐蚀速度下降，因为在这个 pH 范围内钢表面能生成较完整的保护膜，从而抑制氧腐蚀。并且 pH 值越高，上述氧化物膜越稳定，所以钢的腐蚀速度越低。

当水的 pH 值大于 13 时，由于钢的腐蚀产物变为可溶性的亚铁酸盐，因而腐蚀速度又随 pH 的提高而再次上升，此时溶解氧含量对腐蚀速度的影响不大。

比如，由于凝汽器有除气作用，凝结水的氧含量低，再加上凝结水温度低，所以氧腐蚀速度小。但凝结水系统常因 CO_2 存在，而使 pH 值较低，存在酸性腐蚀而使腐蚀程度加剧。

3. 水的温度的影响

在密闭系统中，当氧的浓度一定时，水温升高，阴、阳极反应速度即氧的还原和铁的溶解反应速度增加，所以腐蚀加速；实验指出，温度和腐蚀速度之间的关系是直线关系。在敞口系统中，温度和腐蚀速度的关系不一样，氧腐蚀的速度在 80℃ 左右达到最大值。因为在敞口系统中，水温升高可以起两方面作用：一方面可以使水中氧的溶解度下降，降低氧的腐蚀速度；另一方面，又使氧的扩散速度加快、氧的腐蚀速度增加。究竟哪一方面起主要作用，取决于温度的高低。实验指出，在 80℃ 以下时，水温升高使氧扩散速度加快的作用超过了氧溶解度降低所起的作用，所以，水温升高，腐蚀速度上升。在 80℃ 以上，氧的溶解度下降迅速，它对腐蚀的影响超过了氧扩散速度增快所产生的作用，所以，水温升高，腐蚀速度下降。

温度对腐蚀表面和腐蚀产物的特征也有影响。在敞口系统中，常温或温度较低的情况下，钢铁氧腐蚀的蚀坑面积较大，腐蚀产物松软，如在疏水箱里见到的情况；而密闭系统中，温度较高时形成的氧腐蚀的蚀坑面积较小，腐蚀产物也较坚硬，如在给水系统中见到的情况。

4. 水中离子成分的影响

水中不同离子对腐蚀速度的影响差别很大。有的离子能减缓腐蚀，起钝化作用；有的离子起活化作用，加速腐蚀，如水中的 H^+、Cl^- 和 SO_4^{2-} 对腐蚀起加速作用，所以，随 Cl^- 和 SO_4^{2-} 浓度的增加，腐蚀速度加快。它们加速腐蚀的原因是它们对钢铁表面的氧化膜起破坏作用。水中的 OH^- 浓度不是很高但也不低（合适浓度范围）时，可对腐蚀起抑制作用，因为 OH^- 达到但小于一定数量时有利于金属表面保护膜的形成，因而能减轻腐蚀；但其浓度很高时，则会破坏表面保护膜，使腐蚀加剧。由于水中不可能只有一种离子，往往有多种离子成分，且各种离子对腐蚀的影响不一样，所以各种离子共存时，判断它们对腐蚀是起促进作用还是抑制作用，应该综合分析。比如，当水中同时存在 Cl^-、SO_4^{2-}、OH^- 时，判断它们对腐蚀的作用，要看 OH^- 和（$Cl^- + SO_4^{2-}$）的比值，如果 OH^-/（$Cl^- + SO_4^{2-}$）的比值大，可能对腐蚀起抑制作用；如果比值小，可能对腐蚀有促进作用。

5. 水的流速的影响

一般情况下，水的流速增加，钢铁的氧腐蚀速度加快，因为随着水的流速加快，到达金属表面的溶解氧增加，并且由于滞流层变薄，氧的扩散速度增加。当水的流速增大到一定程度时，金属表面溶解氧的浓度达到钝化的临界浓度，铁出现钝化；同时，因水流可把金属表面的腐蚀产物或沉积物冲走，使之不能形成闭塞电池，这样腐蚀速度又有所下降。当水流速度进一步增加时，钝化膜被水的冲刷作用破坏，形成另一种形态的腐蚀，腐蚀速度重新上升。

上面介绍的都是环境因素对氧腐蚀的影响。至于金属的成分、热处理方式和加工工艺等内在因素，对氧的扩散速度没有影响，但对钢表面氧化膜的形成和性质有影响，因此，在一定程度上影响氧腐蚀的速度。对于已经安装好的锅炉和各种热力设备，这些因素一般不会发生变化。所以，讨论热力设备运行氧腐蚀的影响因素时，没有讨论这些内在因素的影响。

（五）防止与二回路工作介质接触的热力设备运行氧腐蚀的方法

因为氧是引起氧腐蚀的因素，所以防止氧腐蚀的主要方法是减少水中的溶解氧。防止与二回路工作介质接触的热力设备运行期间发生氧腐蚀的主要方法是对给水除氧，使给水的氧含量降低到最低水平。

给水除氧通常采用热力除氧法和化学除氧法。热力除氧法采用热力除氧器除氧，是给水除氧的主要措施。化学除氧法是在给水中加入还原剂除去热力除氧后残留的氧，是给水除氧的辅助措施。

1. 热力除氧法

由于天然水中溶有大量的氧气，所以补给水中含有氧气。汽轮机凝结水也可能溶解有氧气，因为空气可以从汽轮机低压缸、凝汽器、凝结水泵的轴封处、低压加热器和其他处于真空状态下运行的设备的不严密处漏入凝结水。敞口的水箱、疏水系统中，也会漏入空气。所以，补给水、凝结水、疏水都必须除氧。

（1）原理。根据亨利定律，任何气体在水中的溶解度与它在汽水分界面上的平衡分压成正比。在敞口设备中将水温提高时，水面上水蒸气的分压增大，其他气体的分压下降，结果是其他气体不断从水中析出、在水中的溶解度下降。当水温达到沸点时，水面上水蒸气的压力和外界压力相等，其他气体的分压为零。此时，溶解在水中的气体将全部分离出来。

所以，热力除氧的原理是，根据亨利定律所阐明的规律，在敞口设备（如有排气阀的热力除氧器）中将水加热至沸点，使氧在汽水分界面上的分压等于零，从而使水中溶解的氧解析出来。

由于二氧化碳的溶解度也和氧一样，在一定压力下随水温升高而降低，所以，当水温达到相应压力下的沸点时，热力除氧法不仅能除去水中的溶解氧，而且能除去大部分二氧化碳等气体。在热力除氧过程中，还可以使水中的碳酸氢盐分解，因为 HCO_3^- 分解时产生 CO_2，除氧过程中把 CO_2 除去了，反应（$2HCO_3^- \rightleftharpoons CO_2 \uparrow + CO_3^{2-} + H_2O$）向右方移动。当然，$HCO_3^-$ 只分解一部分，温度越高，沸腾时间越长，游离 CO_2 浓度越低，HCO_3^- 的分解率越高。所以热力除氧法还可除去水中部分碳酸氢盐。

（2）热力除氧器的分类及特点。

1）热力除氧器的分类。热力除氧器的功能是把要除氧的水加热到除氧器工作压力下相应的沸点，并且尽可能地使水流分散，以使溶解于水中的氧和其他气体顺利地解析出来。因此，热力除氧器可按结构形式、工作压力及水的加热方式不同来分类。

热力除氧器按结构形式分，可以分为淋水盘式、喷雾填料式、膜式等。淋水盘式除氧器是目前我国发电机组常用的一种；单纯的喷雾式除氧器实际应用不多，喷雾填料式除氧器由于除氧效率较高，应用日益广泛；膜式除氧器的除氧效率也较高，正在逐步推广应用。

热力除氧器按其工作压力不同，可以分为真空式、大气式和高压式三种。真空式除氧器的工作压力低于大气压力，凝汽器就具有真空除氧作用。大气式除氧器的工作压力（约为0.12MPa）稍高于大气压力，常称为低压除氧器。高压式除氧器在较高的压力（一般大于0.5MPa）下工作，其工作压力随发电机组参数的提高而增大。发电机组常用的工作压力是0.6MPa，称为高压除氧器，通常采用卧式高压除氧器。

热力除氧器按水的加热方式不同可以分为两大类：第一类是混合式除氧器，水在除氧器内与蒸汽直接接触，使水加热到除氧器压力下的沸点；第二类是过热式除氧器，先将要除氧的水加热，使水温超过除氧器压力下的沸点，然后将加热的水引入除氧器内进行除氧，此时，过热的水由于减压，一部分自行汽化，其余的水处于沸腾温度下。

发电机组应用的除氧器，从加热方式讲，一般是混合式；从工作压力讲，既有大气式，又有高压式，有的发电机组把凝汽器兼作除氧器，那就是真空式除氧器。

2）热力除氧器的特点。热力除氧器一般由除氧头和贮水箱两部分组成。各种类型除氧器的区别主要是除氧头内部结构不同。下面简要介绍发电机组应用的各种除氧器的特点。

a. 淋水盘式除氧器。淋水盘式除氧器中汽和水进行传热、传质过程的表面积小，因而除氧效率较低，对于运行工况变化的适应性也较差。

b. 喷雾填料式除氧器。喷雾填料式除氧器的优点是除氧效果好。运行经验表明，只要加热汽源充足，水的雾化程度又较好，在雾化区内就能较快把水加热至相应压力下的沸点，除去90%的溶解氧；同时，在填料层表面，由于形成水膜，表面张力大大降低，因此水中残余的氧会较快地自水中扩散到蒸汽空间去。这样，经过填料层再次除氧，又能除去残留溶解氧的95%以上。所以，除氧器出口水中溶解氧可降低到$5\sim10\mu g/L$，有时还可降得更低。喷雾填料式除氧器能适应负荷的变化，因为即使雾化区受工况变化造成雾化水滴加热不足，也会在填料层继续受热，使水加热到相应压力下的沸点。所以，除氧器在负荷变化时仍保持稳定的运行工况。此外，这种除氧器还具有结构简单，检查方便，设备体积小，除氧器中的水和蒸汽混合速度快，不易产生水击现象等优点。

c. 凝汽器真空除氧。凝汽器运行时，凝结水的温度通常相当于凝汽器工作压力下水的沸点，所以凝汽器相当于真空除氧器。为了提高除氧效果，除了保证凝结水不要过冷，使凝结水处于相应压力下的沸点外，还要在凝汽器中安装使水流分散成小股水流或小水滴的装置。

图4-50所示的是安装在凝汽器集水箱中的一种真空除氧装置。凝结水自除氧装置的入口2进入淋水盘3，在淋水盘上开有小孔，水经过淋水盘后分成小水流、表面积增大，有利于除氧；水流到角铁4溅成小水滴，可进一步起除氧作用，水中不能凝结的气体通过集水箱和设于凝汽器上的除气联通管，进入空气冷却区的低压区，最后从空气抽出口由抽气器抽走。

为了利用凝汽器真空除氧的能力，可以将补给水引至凝汽器中，使补给水在凝汽器中进行除氧。图4-51所示的就是一种将补给水引入凝汽器的装置，在喷淋管侧面向下开有许多孔，水从孔中喷出，在喷淋管上部装有一个罩子以防水滴向上溅。

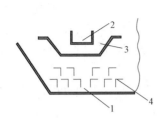

图 4-50　凝汽器中的真空除氧装置
1—集水箱；2—凝结水入口；3—淋水盘；4—角铁

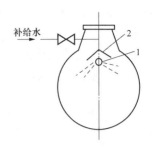

图 4-51　凝汽器汽侧顶部装喷淋管示意
1—喷淋管；2—罩

因此，在高参数、大容量发电机组中，通常是将补给水补入凝汽器，而不是补入除氧器，这进一步改善了除氧效果，可使给水达到"无氧"状态。

d. 膜式除氧器。有的发电机组把淋水盘式和喷雾式除氧器改为膜式除氧器，提高了除氧效果。膜式除氧器的除氧头的结构为上层布置膜式喷管，中层布置空心轴弹簧喷嘴，下层布置不锈钢丝填料层。补给水由膜式喷管引进，凝结水和疏水由空心轴弹簧喷嘴引入，膜式喷管把需除氧的水变为高速旋转薄膜，强化了汽水间的对流换热；同时，也有利于氧的解析和扩散，因为膜式喷管和机械旋流雾化喷嘴相比，在传热和传质方面具有明显的优越性。膜式除氧器运行稳定，除氧效果好，能适应负荷的变化。

（3）提高除氧效果的辅助措施。为了提高除氧器的效能，可以采取以下辅助措施。

1）在喷雾填料除氧器中，加装挡水环。除氧器中有一部分水会喷到除氧头的筒壁上，然后沿筒壁从填料层的边缘流入水箱，这部分水不能和蒸汽充分接触，影响除氧效果。为了防止出现此问题，可以在内壁的合适位置装一个挡水环，使这部分水返回到除氧头的加热蒸汽空间去；也可以在填料层上部加装挡水淋水盘，使这部分水以淋水的方式下落，这样就改善了传热和传质条件。

2）在水箱内加装再沸腾装置。为提高除氧效果，可以在水箱内安装再沸腾装置，使水在水箱内经常保持沸腾状态。这种装置，一种是在靠近水箱底部或中心线附近沿水箱长度装一根开孔的管子进汽，或是在除氧头垂直中心线下部装几个环形的开口管子进汽；另一种是在水箱中心线附近装一根蒸汽管，并在其上装喷嘴。

3）增设泡沸装置。有的除氧器，在除氧头的下部装泡沸装置，它和再沸腾装置的主要区别是对水的加热方式不同。在有再沸腾装置的情况下，除氧头下来的水不一定全部和再沸腾装置接触。而加装泡沸装置时，除氧头下来的水要全部通过泡沸装置，再次加热沸腾。

为了取得满意的除氧效果，除了采取上面的一些辅助措施之外，在除氧器的结构和运行方面，还应注意以下几点。

1）水应加热至与除氧器压力相应的沸点。运行经验指出，如果水温低于沸点 1℃，出水氧含量增加到约 0.1mg/L。为保持水的沸点，要注意调节进汽量和进水量。由于人工调节效果不好，通常应安装进汽和进水的自动调节装置。

2）气体的解析过程应进行得完全。除氧器的除氧效果，决定于传热和传质两个过程。传热过程就是把水加热到相应压力下的沸点，传质过程就是使溶解气体自水中解析出来。没有前一个过程就不能有后一个过程。水在除氧过程中，大约 90% 的溶解氧以小气泡形式放出，其余 10% 是靠扩散作用自水滴内部扩散到表面。如果水滴越小，则比表面积（每立方米水所具有的表面积）越大，传热和传质过程进行得越快。但是，水滴越细，表面张力越大，溶解氧的扩散过程越困难。如果进一步使水生成水膜，表面张力将降低，少量残留氧将容易扩散出去。所以，在确定除氧器结构时，应考虑使传热和传质过程进行得顺利，除氧效果最高。

3）保证水和蒸汽有足够的接触时间。水加热时，溶解氧的解析速度可用下式表示：

$$\mathrm{d}c/\mathrm{d}t = K_g A (c_1 - c_2)$$

式中：$\mathrm{d}c/\mathrm{d}t$ 为水中溶解氧的降低速度，g/h；K_g 为溶解氧的传质常数，m/h；A 为汽水接触表面积，m^2；c_1 为在某一瞬间水中溶解氧的浓度，g/m^3；c_2 为达到平衡时水中溶解氧的浓度，g/m^3。

在除氧头内，c_2 很小，可以忽略不计，而 K_g、A 在一定条件下也是常数，令 $K_g A = K'$，则上式可以简化为

$$\mathrm{d}c/\mathrm{d}t = K' c_1$$

从上式可知，水中溶解氧浓度的降低速度与其浓度成正比。所以，要使 c_1 降到零，除氧时间 t 将无限长。也就是说，对除氧程度要求越高，除氧所需的时间越长。当然，在除氧器中，无限延长除氧时间是不可能的。但是，采用多级淋水盘，增加填料层高度等方法，适当延长水的加热除氧过程，可以提高除氧效率。

4）应使解析出来的气体顺畅地排出。气体不能从除氧器中及时排出，会使蒸汽中氧分压加大，出水残留氧量增加。大气式除氧器的排气，主要靠除氧头的压力与外界压力之差。由于除氧器压力不可避免地会有波动，特别是用手调节时会出现波动，所以除氧器运行时最好保持压力不低于 0.02MPa。如果压力过低，当压力波动时，除氧器内的气体就不能顺畅地排出。

5）补给水应连续均匀地加入，以保持补给水量的稳定。因为补给水氧含量高，一般达 6～8mg/L，温度常低于 40℃，所以，当加入除氧器的补给水量过大或加入量波动太大时，除氧器的除氧效果差，出水氧含量不符合水质标准。

6）几台除氧器并列运行时负荷应均匀分配。如果各台除氧器的水汽分配不均匀，使个别除氧器的负荷过大或者补给水量太大，会造成给水氧含量增高。为了使水汽分布均匀，贮水箱的蒸汽空间和容水空间应该用平衡管连接起来。

为了掌握除氧器的运行特性，以便确定除氧器的最优运行条件，需要进行试验对除氧器的运行进行调整。除氧器调整试验的内容包括：确定除氧器的温度和压力、除氧器的负荷、进水温度、排汽量和补给水率等。

2. 化学除氧法

目前，火力发电厂和压水堆核电站二回路给水化学除氧所使用的药品主要是联氨，参数比较低的核潜艇压水堆二回路除氧有采用亚硫酸钠的，火力发电已开发出若干新型的给水化学除氧剂，如二甲基酮肟、异抗坏血酸钠等。

给水联氨处理最早是 20 世纪 40 年代由德国开始应用的，随后英、美、法、俄等国相继使用，我国从 20 世纪 50 年代末期开始采用。对联氨处理的效果，各个国家都是肯定的。由于联氨处理不增加固形物，所以应用广泛。

（1）联氨除氧。

1）联氨的性质。联氨，又名肼，其分子式为 N_2H_4，在常温下是一种无色液体，易溶于水，它和水结合形成稳定的水合联氨（$N_2H_4 \cdot H_2O$），水合联氨在常温下也是一种无色液体。联氨和水合联氨的物理性质见表 4-18。

表 4-18　　　　　　　　　　联氨和水合联氨的物理性质

物理性质	药品	
	N_2H_4	$N_2H_4 \cdot H_2O$
沸点（101325Pa，℃）	113.5	119.5
凝固点（101325Pa，℃）	2.0	−51.7
密度（25℃，g/cm³）	1.004	1.032（100%浓度的）或 1.01（24%浓度的）

联氨易挥发，但当溶液中 N_2H_4 的浓度不超过 40% 时，常温下联氨的蒸发量不大。联氨是强的侵蚀性物质，有毒（被怀疑为致癌物质），浓的联氨溶液会刺激皮肤，其蒸气对呼吸系统和皮肤有侵害作用。所以，空气中联氨的蒸气量最大不允许超过 1mg/L。联氨能在空气中燃烧，联氨蒸气和空气混合达到 4.7%（按体积计）时，遇火便发生爆炸。无水联氨的闪点为 52℃，85% 的水合联氨溶液的闪点可达 90℃。水合联氨的浓度低于 24% 时，不会燃烧。

联氨的水溶液和氨相似，呈弱碱性，它在水中按下列反应式电离：

$$N_2H_4 + H_2O \rightleftharpoons N_2H_5^+ + OH^-，电离常数 K_1 为 8.5 \times 10^{-7}（25℃）$$

$$N_2H_5^+ + H_2O \rightleftharpoons N_2H_6^{2+} + OH^-，电离常数 K_2 为 8.9 \times 10^{-16}（25℃）$$

25℃ 时，氨的电离常数为 1.8×10^{-5}，因此联氨的碱性比氨的水溶液弱。25℃ 时，1% 的 N_2H_4 水溶液的 pH 值约为 9.9。

联氨遇热会分解，至于分解产物，各学者有不同的看法，有的认为是 NH_3 和 N_2，分解反应是

$$3N_2H_4 \longrightarrow 4NH_3 + N_2$$

有的认为是 NH_3、N_2 和 H_2，分解反应是

$$3N_2H_4 \longrightarrow 2NH_3 + 2N_2 + 3H_2$$

在没有催化剂的情况下，联氨的分解速度主要取决于温度和 pH 值。温度越高，分解速度越高；pH 值升高，分解速度降低。50℃ 以下时分解速度很小；温度达 113.5℃ 时联氨的分解速度每天约 0.01%～0.1%；250℃ 时联氨的分解速度大大加快，每分钟分解 10%。在 300℃，当 pH 值为 8 时，联氨能在 10min 内分解完；当 pH 值提高到 9 时，分解完全要 20min；pH 值为 11 时，要 40min 才能分解完全。由此可见，压水堆核电站二回路采用联氨处理时，即使有一定的过剩量，联氨会很快分解，不会带到蒸汽中去。

联氨是还原剂，不但可以和水中溶解氧直接反应，把氧还原（$N_2H_4 + O_2 = N_2 + 2H_2O$），还能将金属高价氧化物还原为低价氧化物，如将 Fe_2O_3 还原为 Fe_3O_4，将 CuO 还原为 Cu_2O 等。

联氨和酸作用生成盐，如生成硫酸单联氨 [$N_2H_4 \cdot H_2SO_4$]、硫酸双联氨 [$(N_2H_4)_2 \cdot H_2SO_4$]、单盐酸联氨 [$N_2H_4 \cdot HCl$]、双盐酸联氨 [$N_2H_4 \cdot 2HCl$]，这些盐类在常温下是固体。硫酸单联氨、单盐酸联氨均为白色固体，很稳定，毒性比水合联氨小得多，便于使用、储存和运输。

由于联氨有毒，易挥发，易燃烧，所以在保存、运输、使用时要特别注意。联氨浓溶液

应密封保存，水合联氨应储存在露天仓库或易燃材料仓库，联氨储存处应严禁明火。操作或分析联氨的人员应戴眼镜和橡胶手套，严禁用嘴吸移液管移取联氨。药品溅入眼中应立即用大量水冲洗，若溅到皮肤上，可先用乙醇洗受伤处，然后用水冲洗，也可以用肥皂洗。在操作联氨的地方应当通风良好，水源充足，以便当联氨溅到地上时用水冲洗。

2）联氨的作用机理。联氨虽然已经在发电机组的给水处理中得到了广泛应用，但是对于它的作用机理却有不同的看法。大体上有三种看法：多数认为是充当阴极缓蚀剂，有的认为是充当阳极缓蚀剂，也有的认为是替代反应所致。现简要介绍如下。

a. 联氨是阴极缓蚀剂。因为联氨是一种还原剂，特别是在碱性溶液中，它的还原性更强，其在给水中和氧发生反应的反应式为

$$N_2H_4 + O_2 \longrightarrow N_2 + 2H_2O$$

由于联氨和氧反应降低了氧的浓度，使阴极反应的速度下降，所以认为联氨是阴极缓蚀剂。

b. 联氨是阳极缓蚀剂。认为联氨减缓腐蚀的机理是联氨优先吸附在阳极，引起阳极极化，使总的腐蚀速度减小。当阳极被联氨不完全覆盖时，总的腐蚀集中在更小的阳极面积上，使局部腐蚀强度增加。当达到某一临界浓度（$\geqslant 10^{-2}$ mol/L）时，钢的电位发生突跃，阳极被联氨完全覆盖，腐蚀速度明显下降，钢的稳定电位约为 -150mV，与钢在铬酸盐和苯甲酸盐（浓度超过临界浓度）中的稳定电位（分别为 -180mV 和 -200mV）接近，这说明联氨和铬酸盐、苯甲酸盐一样属于阳极缓蚀剂。

c. 替代反应。有的学者认为，联氨不是和氧直接反应，而是发生一种替代反应。这种观点认为，不加 N_2H_4 时，在阳极发生的反应是 $Fe \rightarrow Fe^{2+} + 2e$，在阴极是氧的还原，即 $O_2 + 2H_2O + 4e \rightarrow 4OH^-$；加 N_2H_4 时，阴极反应仍然是氧的还原，而阳极反应却是 $N_2H_4 + 4OH^- \rightarrow N_2 + 4H_2O + 4e$，这就防止了铁的腐蚀，同时又把氧除掉了。$N_2H_4$ 有些类似阴极保护中的牺牲阳极，如镁或锌。

从上面的介绍可以看出，联氨的作用机理还需要进一步研究。但是，不管对联氨的作用机理作何种分析，N_2H_4 是还原剂这一点是无疑的。

因此，联氨不仅可以除氧，还可以将 Fe_2O_3 还原为 Fe_3O_4 或 Fe，将 CuO 还原为 Cu_2O 或 Cu，反应式如下：

$$6Fe_2O_3 + N_2H_4 \longrightarrow 4Fe_3O_4 + N_2 + 2H_2O$$
$$2Fe_3O_4 + N_2H_4 \longrightarrow 6FeO + N_2 + 2H_2O$$
$$2FeO + N_2H_4 \longrightarrow 2Fe + N_2 + 2H_2O$$
$$4CuO + N_2H_4 \longrightarrow 2Cu_2O + N_2 + 2H_2O$$
$$2Cu_2O + N_2H_4 \longrightarrow 4Cu + N_2 + 2H_2O$$

据文献介绍，温度在 49℃ 以上时，N_2H_4 能够促使 Fe 表面生成 Fe_3O_4 保护层；当温度高于 137℃ 时，Fe_2O_3 能迅速地被 N_2H_4 还原为 Fe_3O_4。由于联氨能使铁的氧化物和铜的氧化物还原，所以，联氨可以防止生成铁垢和铜垢。

3）给水加联氨除氧的工艺条件。根据运行经验，联氨除氧的效果与联氨的浓度、溶液 pH 值、温度、催化剂等因素有密切关系。联氨在碱性水中才显强还原性，它和氧的反应速度与水的 pH 值关系密切，水的 pH 值在 9～11 之间时，反应速度最大。温度越高，联氨和氧的反应越快；水温在 100℃ 以下时，反应很慢；水温高于 150℃ 时，反应很快。但是溶解

氧含量在 $10\mu g/L$ 以下时，联氨和氧之间实际上不再反应，即使提高温度也无明显效果。所以，为了取得良好的除氧效果，联氨处理的合理条件是：水温在 $200℃$ 以上，介质的 pH 值在 $8.7\sim11$ 之间，有一定的过剩量（正常运行时一般控制给水中的联氨过剩量为 $20\sim50\mu g/L$），最好能加催化剂。常用的催化剂是有机物，如 1-苯基-3-吡唑烷酮、对氨基苯酚、对甲氨基苯酚及其加成盐、邻或对醌化合物、芳氨和醌化物的混合物等。加入了催化剂的联氨称为活性联氨或催化联氨，在配制催化联氨时，催化剂和联氨的浓度比例不太严格。对于高压和超高压等高参数机组，给水温度一般等于或大于 $215℃$，如果给水 pH 值调节到 $8.5\sim9.2$，联氨处理可以得到满意的效果。

确定联氨加药量时，第一，要考虑除去给水溶解氧所需的量；第二，要考虑与给水中铁、铜氧化物反应所需的量；第三，要考虑为了保证反应完全以及防止出现偶然漏氧时所需的过剩量。有的文献介绍了联氨加药量的计算方法，由于联氨在水中的反应比较复杂，计算结果不太可靠。通常掌握联氨的加药量是控制给水的 N_2H_4 含量。

联氨处理所用的药品一般为含 40% 联氨的水合联氨溶液，也可能用更稀一些的，如 24% 的水合联氨。因为采用联氨盐会增加溶解固形物，降低 pH 值，而且溶液呈酸性，加药设备要防腐，所以尽管它保存、运输和使用比较方便，也很少采用。

4）联氨的加入部位。联氨一般在高压除氧器水箱出口的给水母管中加入，通过给水泵的搅动，使药液和给水均匀混合。

根据运行经验，当水温在 $270℃$ 以下时，如果给水溶解氧的含量低于 $10\mu g/L$，联氨和氧的反应实际上不进行。为了提高除氧效果，目前大都增加凝结水泵的出口为联氨的加入位置，使联氨和氧的反应时间延长，除氧效果会显著提高。据文献介绍，在凝结水泵出口加联氨，一般情况下除氧器入口的溶解氧可能降至 $7\mu g/L$ 以下。此外，在凝结水泵出口加联氨，还可以减轻低压加热器铜管的腐蚀。

（2）亚硫酸钠除氧。亚硫酸钠（Na_2SO_3）是白色或无色结晶，易溶于水；是一种还原剂，能和水中的氧反应生成硫酸钠，其反应式为

$$2Na_2SO_3+O_2\longrightarrow2Na_2SO_4$$

按质量计算，除去 1g 氧需 8g Na_2SO_3；为了提高除氧效果，需要一定的亚硫酸钠过剩量。

亚硫酸钠和氧反应的速度与温度、氧的浓度、亚硫酸钠的过剩量、水中是否存在催化剂或阻化剂有密切关系。

温度越高，反应速度越快，除氧作用越完全。当亚硫酸钠过剩 $25\%\sim30\%$ 时，反应速度大大加快，它在不同温度下反应完全的时间见表 4-19。

表 4-19　　　　　　　　　　亚硫酸钠在不同温度下反应完全的时间

温度（℃）	40	60	80
反应时间（min）	$2.5\sim3$	1.5	0.5

水的 pH 值对反应速度的影响也很大。pH 值升高，反应速度降低；中性时反应速度最快。

当水中含有机物时，会显著降低反应速度。当水中的耗氧量从 $0.2mg/L$ 增加到 $7mg/L$ 时，亚硫酸钠与氧的反应速度降低 35%。当水中存在铜、钴、锰及碱土金属离子时，反应

速度加快。

亚硫酸钠的加药方式：通常将亚硫酸钠配成 2%～10% 的稀溶液，用活塞泵加入系统中，一般加在给水泵前的管道中。由于亚硫酸钠易与空气中的氧反应，所以使用的溶液箱和加药系统必须密封。

进行亚硫酸钠处理，人们关心的一个问题是亚硫酸钠的分解问题，目前，各国对此问题的看法不一致。有的认为，Na_2SO_3 在温度高于 275～285℃ 时会自氧化还原，分解产生 Na_2S，其反应式为

$$4Na_2SO_3 \longrightarrow Na_2S + 3Na_2SO_4$$

并认为 Na_2S 水解产生 H_2S，其反应式为

$$Na_2S + 2H_2O \longrightarrow 2NaOH + H_2S$$

但是，有的试验结果不同，认为即使在压力为 9.31MPa 的水中，也没有发现亚硫酸钠分解产生硫化钠，只是在压力高于 11.76MPa 时才发现水中有微量 S^{2-} 存在。

还有的文献介绍，Na_2SO_3 会水解产生 SO_2，其反应式为

$$Na_2SO_3 + H_2O \longrightarrow 2NaOH + SO_2$$

据文献介绍，在工作压力不超过 6.86MPa、水中 Na_2SO_3 浓度不超过 10mg/L 时，亚硫酸钠处理是安全的。同时，亚硫酸钠和氧反应生成硫酸钠，水中总的溶解固形物增加，排污量也随之增加，蒸汽品质也可能受到影响。所以，亚硫酸钠处理只适用于中低压锅炉或核动力压水堆二回路。

二、与二回路工作介质接触的热力设备的停用腐蚀与防止

（一）停用腐蚀

停运期间，如果不采取有效保护措施，与二回路工作介质接触的热力设备表面会发生强烈氧腐蚀，这种腐蚀称为停用腐蚀。

1. 停用腐蚀发生的原因

（1）金属浸在水中，或者金属表面潮湿，在表面生成一层水膜。因为与二回路工作介质接触的热力设备停运时，如果充水停运，则金属浸在水中；如果停运后放水，水不可能彻底放空，有的设备内部仍然充满水，有的设备虽然把水放掉了，但积存有水，这样，金属也浸在水中；积存的水不断蒸发，使水汽系统内部湿度很大，随着温度和压力逐渐下降，蒸汽会凝结，使没有浸在水中的金属表面形成水膜。

（2）有氧气。因为与二回路工作介质接触的热力设备停运时，空气会从设备不严密处或检修处大量渗入设备内部，带入氧并溶解在水中。

2. 停用腐蚀的特征

与二回路工作介质接触的热力设备的停用腐蚀，与运行氧腐蚀相比，在腐蚀产物的颜色、组成、腐蚀的严重程度和腐蚀的部位、形态方面有明显差别。因为发生停用腐蚀时温度较低，所以腐蚀产物是疏松的，附着力小，易被水带走，腐蚀产物的表层常常为黄褐色。由于发生停用腐蚀时氧的分布广、浓度大，腐蚀面积广，所以，停用腐蚀往往比运行氧腐蚀严重。

3. 停用腐蚀的影响因素

停用腐蚀的影响因素与大气腐蚀相类似，对放水停用的设备，主要有温度、湿度、金属表面液膜成分和金属表面的清洁程度等。对于充水停用的设备，金属浸在水中，影响腐蚀的

因素主要有水温、水中溶解氧含量、水的成分和金属表面的清洁程度。因为在热力设备停运期间，温度和氧含量变化不大，所以下面介绍其他因素的影响。

（1）湿度。对于放水停用的设备，金属表面的湿度对腐蚀速度影响大。对于大气腐蚀来说，在不同成分的大气中，金属都有一个临界相对湿度，当超过这一临界值时，腐蚀速度迅速增加，在临界值之前，腐蚀速度很小或几乎不腐蚀。临界相对湿度随金属种类、金属表面状态和大气成分不同而变化。一般说来，金属受大气腐蚀的临界湿度为70％左右。根据运行经验，如果停用的热力设备内部相对湿度小于20％，则能避免腐蚀；如果相对湿度大于20％，则产生停用腐蚀，并且湿度越大、腐蚀速度越大。

（2）含盐量。水中或金属表面液膜中盐的浓度增加时，腐蚀速度增加，特别是氯化物和硫酸盐浓度增加时，腐蚀速度上升十分明显。

（3）金属表面清洁程度。当金属表面有沉积物或水渣时，会造成氧的浓度差异，使停用腐蚀速度上升。因为在沉积物或水渣下部，氧不易扩散进来，电位较负，成为阳极；而沉积物或水渣周围，氧容易扩散到金属表面，电位较正，为阴极，这样，氧浓度差异电池就形成了，所以腐蚀速度增加。

4.停用腐蚀的危害

（1）在短期内使停用设备金属表面遭到大面积破坏，甚至腐蚀穿孔。

（2）加剧热力设备运行时的腐蚀。因为再启动时，一方面表面保护膜被停用腐蚀破坏，被破坏表面粗糙不平，成为腐蚀电池的阳极，另一方面腐蚀产物使水质恶化、加剧腐蚀。

5.停用保护

为保证热力设备的安全经济运行，热力设备在停用期间，必须采取有效的停用保护方法，以避免或减轻停用腐蚀。

按照作用原理，停用保护方法大体上可分为三类：

第一类是阻止空气进入与二回路工作介质接触的热力设备内部，其实质是减小氧的浓度，这类方法有充氮法等。

第二类是降低与二回路工作介质接触的热力设备内部的湿度，其实质是防止金属表面凝结水膜而形成腐蚀电池。这类方法有烘干法、干燥剂法等。

第三类是使用碱化剂、除氧剂、缓蚀剂等，使金属表面形成保护膜，减缓金属表面的腐蚀，如氨水法、氨－联氨法、缓蚀剂法等。

三、基建期间二回路设备的氧腐蚀及其防止

在基建期间，如果不采取适当的保护措施，大气会侵入二回路设备内部，由于大气中含有氧和湿分，二回路设备会发生氧腐蚀。基建期间的氧腐蚀产物虽然在启动前的酸洗过程中可以去除，但腐蚀造成的陷坑，在以后的运行中仍会成为腐蚀电池的阳极，继续发生腐蚀；如腐蚀产物过多，不但酸洗负担重，还不易洗净，所以在基建期间应采取防腐蚀措施。

（1）制造厂在设备出厂时，对设备应采取必要的防腐蚀措施，使金属表面形成合适的保护膜；对所有开口部位加罩和封闭，防止泥沙、灰尘等进入。

（2）各类容器及各类管件在存放保管时，应保证内部和外界空气隔绝，防止水分侵入，保持内部相对湿度不大于65％；或内部封入气相缓蚀剂。各类管件的端口应盖有聚氯乙烯盖，联箱等设备的开口处，均应密封。

露天存放的金属结构和设备，均应防止积水。对于设备本身能够积水的孔洞，均应用防雨盖或防雨帽封盖。设备的槽形件应借助调整位置的办法防止积水，对于无法消除积水的部位，可根据设备结构情况，留排水孔。

设备和管道要放置在木台上，并经常检查其外罩的情况。发现外罩脱落或设备管道内进水时，应及时处理。

（3）二回路设备在组装前，各部件都要进行清理，并注意保管；在安装施工时，应严格按照要求进行操作。

（4）水压试验合格后，应继续让水压试验用水充满设备。值得注意的是，水压试验用水的质量必须合乎要求。

为了减少设备在水压试验中和其后停放过程中的腐蚀，水压试验要采用加氨和联胺（200～500mg/L）的除盐水、pH调节到10，并要求每月检查一次水质；或采用加合适缓蚀剂防腐的水。若设备是用奥氏体不锈钢制成的，水压试验用水还必须不含氯离子。

四、闭式循环冷却水系统的氧腐蚀及其防止

闭式循环冷却水系统是以除盐水为介质的闭式循环回路，一方面为压水堆核电站相关辅助系统提供冷却水，保证其安全运行；另一方面冷却油冷器、水汽采样冷却器、发电机定子内冷水冷却器、氢冷器和给水泵电机、凝结水泵电机、循环水泵电机等的轴承。闭式循环冷却水的补充水可以用除盐水、凝结水等。

闭式循环冷却水的基本流程是：冷却水→闭式循环冷却水箱→闭式循环冷却水泵→闭式循环冷却水热交换器→闭式循环冷却水用户→闭式循环冷却水泵进口。即闭式循环冷却水从被冷却设备吸收热量后，通过表面式热交换器（冷却器）将热量传给水温较低的冷却水（如江河湖水等天然水或生产水），温度下降后又循环进入需冷却的设备（闭式循环冷却水用户）。

除闭式循环冷却水用户和本身热交换器管外，闭式循环冷却水系统的材质基本上是碳钢。由于闭式循环冷却水系统本身有一个大气式高位事故膨胀水箱通大气，所以闭式循环冷却水系统会发生氧腐蚀。为了防腐，有的闭式循环冷却水系统通过加 Na_3PO_4 来提高和维持闭式循环冷却水的 pH 值在 9.5～11.0，试图使钢铁自然钝化形成完整保护膜，但实际情况表明其防腐蚀效果较差。如某机组检修检查时发现闭式循环冷却水系统的高位事故膨胀水箱内氧腐蚀严重，腐蚀厚度约 2mm，内壁均匀分布 2cm 左右的鼓疱，除掉腐蚀产物后可看到小坑，底部有泥状红色沉积物，为铁的氧化物，管道内壁也均匀分布许多 1～2mm 的腐蚀鼓疱；腐蚀产物导致闭式循环冷却水系统启动时冷却水长时间浑浊，已造成部分管道堵塞。究其原因是冷却水中氧含量和电导率比较高，碳钢等金属表面没有形成保护膜，因为 pH 值不够高，OH^- 没有把金属表面都覆盖住，因而氧腐蚀仍然发生，甚至由于大阴极、小阳极，局部腐蚀更严重。因此，应研究开发出适于防止闭式循环冷却水系统腐蚀的方法，如添加缓蚀剂的方法。目前，武汉大学谢学军教授已研究开发出能防止碳钢等金属在除盐水中腐蚀的绿色咪唑啉类缓蚀剂。

五、与二回路工作介质接触的热力设备运行时的酸性腐蚀与防止

（一）运行时与二回路工作介质接触的热力设备内酸性物质的来源

即使补给水是除盐水，二回路工作工质也不可能是绝对纯的，因为多少会有些杂质进入热力设备内。有些杂质进入热力设备后，在高温高压条件下会发生热分解、降解或水解作用，产生如二氧化碳、有机酸，甚至无机强酸等酸性物质。

1. 二氧化碳的来源

热力设备内的二氧化碳，主要来源于补给水中所含的碳酸化合物；其次，凝汽器有泄漏时，漏入汽轮机凝结水的冷却水也带入碳酸化合物，其中主要是碳酸氢盐。

碳酸化合物进入给水系统后，在低压除氧器和高压除氧器中，碳酸氢盐会热分解一部分，碳酸盐也会部分水解，放出二氧化碳，反应方程式为

$$2HCO_3^- \longrightarrow CO_3^{2-} + H_2O + CO_2 \uparrow$$

$$CO_3^{2-} + H_2O \longrightarrow 2OH^- + CO_2 \uparrow$$

运行经验表明，热力除氧器虽不能把水中的二氧化碳全部除去，但能除去大部分。由于碳酸氢盐和碳酸盐的分解需要较长时间，因此，除氧器后给水中的碳酸化合物主要是碳酸氢盐和碳酸盐。当它们进入后，随温度和压力的增加，分解速度加快。生成的二氧化碳随蒸汽进入汽轮机和凝汽器。虽然在凝汽器中会有一部分二氧化碳被凝汽器抽气器抽走，但仍有相当一部分二氧化碳溶入凝结水中，使凝结水受二氧化碳污染。

水汽系统中二氧化碳的来源，除了主要是碳酸化合物在热力设备内的热分解之外，还有来自水汽系统处于真空状态的设备的不严密处漏入的空气。例如，从汽轮机低压缸的接合面、汽轮机端部汽封装置以及凝汽器汽侧漏入空气。尤其是凝汽器汽侧负荷较低、冷却水的水温低、抽汽器的出力不够时，凝结水中氧和二氧化碳的量会增加。其他如凝结水泵、疏水泵泵体及吸入侧管道的不严密处也会漏入空气，使凝结水中二氧化碳和氧的含量增加。

由上述可知，热力设备内二氧化碳的含量，不仅与补给水中碳酸化合物的含量和补给水量有关，也与在真空状态下运行的设备因不严密而漏入系统的空气量有关。

2. 低分子有机酸和无机强酸的来源

热力设备中的有机酸，有可能是补给水中的有机杂质在高温高压条件下分解产生的。制备除盐水的原水（地表水，如江河湖水）中，含有较多的有机物。有机物主要来源于植物等的腐败分解产物，也可能来源于工矿企业的工业废水、城乡生活废水和含农药的农田排水等中的污染物，由于污染原因所带入的有机物量一般只占天然水中有机物总量的十分之一。天然水中的有机物主要是腐植酸和富维酸，主要成分是分子量相对较大的多羧酸等弱有机酸。腐植酸是可溶于碱性水溶液而不溶于酸和乙醇的有机物；富维酸则是可溶于酸的有机物；它们的酸性强度相当于甲酸。在正常情况下，原水中的这些有机物在制备除盐水的过程中可除去大约80%，因而仍有部分有机物质进入给水系统。在高温下它们发生分解，产生低分子有机酸和其他化合物。另外，如果凝汽器泄漏，冷却水中的有机物质会直接进入热力设备。

热力设备中的低分子有机酸，除了因为原水中的有机物漏入补给水或凝汽器冷却水中有机物漏入凝结水在高温下分解所产生的以外，离子交换器运行时产生的破碎树脂进入热力设备，在高温高压下分解产生的低分子有机酸也是重要来源。一般阴离子交换树脂在温度高于60℃时即开始降解，150℃时降解速度已十分迅速；阳离子交换树脂在150℃时开始降解，在200℃时降解十分剧烈。它们在高温、高压下均能释放出低分子有机酸，其主要成分是乙酸，也有甲酸、丙酸等。强酸阳离子交换树脂分解所产生的低分子有机酸量比强碱阴离子交换树脂分解所产生的量多得多。离子交换树脂在高温下降解还将释放出大量的无机阴离子，如氯离子等。值得注意的是，强酸阳离子交换树脂上的磺酸基在高温高压下会从链上脱落而在水溶液中形成强无机酸硫酸。

由此可知，分子量大的有机物及离子交换树脂进入热力设备后，在高温高压运行条件下将分解产生无机强酸和低分子有机酸。这些物质在蒸汽发生器水中浓缩，其浓度可能达到相当高的程度，以致引起蒸汽发生器水的 pH 值下降。它们还会被携带进入蒸汽中，随之转移到其他的设备，在整个二回路工作介质中循环。

此外，用海水作为冷却水的凝汽器发生泄漏时，海水会漏入凝结水系统，继而进入热力设备内。海水中的镁盐在高温高压下发生水解会产生无机强酸，反应方程式为

$$MgSO_4 + 2H_2O \Longrightarrow Mg(OH)_2 + H_2SO_4$$
$$MgCl_2 + 2H_2O \Longrightarrow Mg(OH)_2 + 2HCl$$

对于使用挥发性化学药剂，如氨和联氨处理的二回路工作介质，由于水的缓冲性很小，更容易使水的 pH 值下降。

所以，热力设备运行时，其中有可能产生的酸性物质主要是溶于水中的二氧化碳、一些低分子有机酸和无机强酸。

（二）与二回路工作介质接触的热力设备运行时的二氧化碳腐蚀

热力设备的二氧化碳腐蚀，是指溶解在水中的游离二氧化碳导致的析氢腐蚀。

1. 二氧化碳腐蚀的部位

二氧化碳腐蚀比较严重的部位是凝结水系统。因为给水中的碳酸化合物进入热力设备受热分解形成的二氧化碳随蒸汽进入汽轮机，随后虽然有一部分在凝汽器抽气器中被抽走，但仍有部分溶入凝结水中。由于凝结水水质较纯，缓冲性很小，只要溶有少量二氧化碳，其pH 值就会显著降低。例如，室温时，纯水中溶有 1mg/L 二氧化碳，其 pH 值就可降到5.7。凝结水系统中，空气漏入的可能性较大，尤其在负荷低的情况下更是如此。而空气漏入凝结水管道是危险的，因为这将直接污染凝结水。同样道理，疏水系统中也发生二氧化碳腐蚀。

用除盐水作补给水时，由于水中残留碱度较小，只要除氧器后的给水中仍有少量的二氧化碳，就会使水的 pH 值明显下降，使除氧器后的设备遭受二氧化碳腐蚀。例如，有的给水泵的叶轮、导叶和卡圈上发生严重腐蚀，其中就有二氧化碳的作用。

2. 二氧化碳腐蚀的特征

碳钢和低合金钢在流动介质中受二氧化碳腐蚀时，在温度不太高的情况下，其特征一般是材料的均匀减薄。因为在这种条件下生成的腐蚀产物的溶解度较大，并且在材料表面上保护性膜的生成速度较低，腐蚀产物常随水流带走。因此，一旦设备发生二氧化碳腐蚀，往往出现大面积损坏。

3. 二氧化碳腐蚀的机理

由于二氧化碳在水中形成的碳酸是电离程度比较低的弱酸、凝结水系统等的管道壁较厚，因此人们往往以为水中二氧化碳对钢材的腐蚀不会很厉害，不一定会在很短时间里就造成腐蚀穿透。但实际经验说明，二氧化碳腐蚀会将大量腐蚀产物带入热力设备内，造成腐蚀产物在设备内累积，并引起受热面上结垢和腐蚀的严重后果。而且早在 1924 年就知道，含二氧化碳的水溶液对钢材的侵蚀性比相同 pH 值的强酸溶液（如盐酸溶液）的更强，但其原因直到近几十年对二氧化碳腐蚀的历程作了系统的研究后才弄清楚。

钢铁腐蚀过程中的阳极反应是铁的溶解：

$$Fe \rightarrow Fe^{2+} + 2e$$

　　钢在无氧的二氧化碳溶液中的腐蚀速度是由阴极反应，即氢的析出过程的速度控制的。如果氢气的析出速度大，则钢的溶解（腐蚀）速度也大。试验研究表明，氢从二氧化碳水溶液中析出来是同时经两个途径进行的：一条途径是，水中二氧化碳分子与水分子结合成碳酸分子，碳酸分子电离产生的氢离子扩散到金属表面上，得电子还原为氢原子；另一条途径是，水中二氧化碳分子向钢铁表面扩散，吸附在金属表面上，在金属表面上与水分子结合形成吸附碳酸分子，直接还原析出氢原子。图 4-52 可以更清楚地表示出二氧化碳腐蚀过程中，钢铁表面析氢过程的历程。

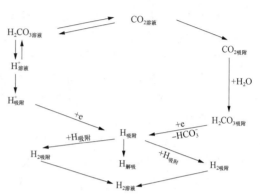

　　从上述析氢历程可知，一方面，由于碳酸是弱酸，在水溶液中存在弱酸的电离平衡：$H_2CO_3 \rightleftharpoons HCO_3^- + H^+$，这样，因腐蚀的进行而在金属表面被消耗的氢离子，可由碳酸分子的继续电离而不断得到补充，在水中游离二氧化碳没有消耗完之前，水溶液的 pH 值维持不变，钢的腐蚀过程继续进行下去，腐蚀速度基本保持不变，而完全电离的强酸溶液中，随着腐蚀反应的进行，溶液的 pH 值不断降低，钢的腐蚀速度也就逐渐减小；另一方面，水中游离二氧化碳能同时通过 H^+ 和

图 4-52　钢铁在二氧化碳溶液中腐蚀的析氢过程

H_2CO_3 吸附在钢铁表面上直接得电子还原，从而加速腐蚀反应的阴极过程，促使铁的阳极溶解（腐蚀）速度增大。所以，二氧化碳水溶液对钢铁的腐蚀性比相同 pH 值、完全电离的强酸溶液的更强。

　　4. 影响二氧化碳腐蚀的因素

　　金属在二氧化碳溶液中的腐蚀速度与金属的材质、游离二氧化碳的含量以及溶液的温度和流速有关。

　　（1）从金属材质方面看，受二氧化碳腐蚀的金属材料主要是铸铁、铸钢、碳钢和低合金钢，增加合金元素铬的含量，可以提高钢材耐二氧化碳腐蚀的性能，如果铬含量增加到12％以上，则可耐二氧化碳腐蚀。例如，用化学除盐水作补给水时，高压给水泵的叶轮和导叶材料改用 lCr13 不锈钢后，原先的腐蚀严重情况得到了缓和。

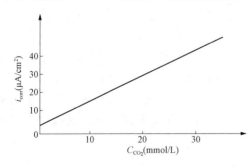

　　（2）水中游离二氧化碳的含量对腐蚀速度的影响很大。在敞开系统中，水中二氧化碳的溶解量是随温度增高而减少的。但热力系统是一个密闭系统，当温度升高时，压力也相应升高，二氧化碳溶解量随其本身分压力的增高而增大，钢材的腐蚀速度也随溶解的二氧化碳的量增多而增大。图 4-53 是碳钢的腐蚀速度与水中二氧化碳含量的关系。

图 4-53　碳钢的腐蚀速度与水中二氧化碳含量的关系（25℃）

　　（3）钢铁的二氧化碳腐蚀受温度的影响较大。温度不仅影响了碳酸的电离程度和腐蚀反应的动力学过程，而且还对腐蚀产物的性质有很大影响。在温度较低，如低于 60℃ 时，碳钢、低合金钢的二氧化碳腐蚀速度随温度升高而增大，因为这时碳酸的一级电离常数随温度升高而增大，水中的氢离子浓度增加，金属表面没有腐蚀产物膜，或者即使有也只是极少量的软而无黏附性的膜，难于形成有保护性的膜；在温度 100℃ 附近，出现最大腐蚀速度，这时金属表面上虽然能形成碳酸铁膜，但膜质不致密且多孔隙，因而没有保护性，还造成点腐蚀的可能性；温度更高时，腐蚀速度反而降低，这主要是由于表面上生成了比较薄、但较致密和黏附性好的碳酸铁膜，起了保护作用。

（4）介质的流速对二氧化碳腐蚀也有一定影响。腐蚀速度随着流速的增大而增大，但当流速增大到紊流状态时，腐蚀速度不再随流速变化而有大的变化了。

（5）如果水中除了含二氧化碳外，同时还有溶解氧，腐蚀将更加严重。这时金属除受二氧化碳腐蚀外，还受氧腐蚀。并且二氧化碳的存在使水呈酸性，容易破坏原来的保护膜，也不易生成新的有保护性的膜，因而使氧腐蚀更严重。这种腐蚀除了具有酸性腐蚀的一般特征，表面往往没有或有很少腐蚀产物外，还具有氧腐蚀的特征，腐蚀表面呈溃疡状，有腐蚀坑。这种情况出现在凝结水系统、给水系统及疏水系统中。

当水中含有氧和二氧化碳时，还将引起凝汽器、凝汽器射流式抽气器的冷却器，以及低压加热器的铜合金管的腐蚀。特别是黄铜，在有氧、pH 值略低于 7 时，腐蚀增加很快；在水的 pH 值低到 5.7 时，腐蚀变得更严重。这种腐蚀在温度低于 100℃ 时，随温度升高而加剧。

5. 防止二氧化碳腐蚀的措施

为了防止或减轻水汽系统中游离二氧化碳对热力设备及管道金属材料的腐蚀，除了选用不锈钢来制造某些部件外，还可以从减少进入系统的二氧化碳量和碳酸氢盐量，以及减轻二氧化碳的腐蚀程度两个方面采取必要措施。

减少进入系统的二氧化碳量和碳酸氢盐量可以考虑从下面几个方面着手。

（1）降低补给水的碱度。因为热力设备水汽系统中的二氧化碳主要来自补给水中碳酸氢盐的热分解，所以降低了补给水的碱度，可以使系统中的二氧化碳量减少。采用除盐水可以使热力设备中二氧化碳含量低于 1mg/L，因为除盐水中的碳酸氢盐已较彻底地除去了。

（2）尽量减少汽水损失，降低补给水率。

（3）防止凝汽器泄漏，对凝结水进行精处理，以除去因凝汽器泄漏而进入凝结水的碳酸氢盐等杂质以及凝结水中的腐蚀产物，提高凝结水质量。

（4）注意防止空气漏入水汽系统，提高除氧器的效率。除氧器应尽量维持较高的运行压力和相应温度以及加装再沸腾装置，以提高排除水中游离二氧化碳的效率。

（5）尽管采取了降低补给水碱度等措施，可以使水汽系统中的游离二氧化碳含量大幅度降低，但由于给水中总还有碳酸氢盐，以及有空气漏入系统，所以免不了还会有二氧化碳腐蚀。为了减轻系统中二氧化碳腐蚀的程度，一般除了采取上述措施外，还普遍采取向水汽系统中加入碱化剂来中和游离二氧化碳的措施，或者添加能在金属表面形成表面保护膜的物质，使金属与腐蚀介质隔离而减轻或防止腐蚀。

（三）给水 pH 值调节

为了防止或减轻给水对金属材料的腐蚀性，目前除了尽量减少给水中的溶解氧含量外，还必须进行给水 pH 值调节。

1. 何谓给水 pH 值调节

所谓给水 pH 值调节，就是往给水中加入一定量的碱性物质，中和给水中的游离二氧化碳，并碱化介质，使给水的 pH 值保持在适当的碱性范围内，从而将给水系统中钢和铜合金材料的腐蚀速度控制在较低的范围，以保证铁和铜的含量符合规定的标准。

2. 给水 pH 值调节原理

由图 4-54 所示的 $Fe-H_2O$ 体系的电位—pH 平衡图（25℃）可知，在除氧条件下，给水的 pH 值在 9.0～9.5 时，铁的电极电位在 $-0.5V$ 附近，正处于 Fe_3O_4 钝化区，所以钢铁不会受到腐蚀。试验研究表明，在一定范围内提高水的 pH 值，可明显减少钢铁和铜合金的腐蚀速度。

图 4-55 是碳钢在温度为 232℃、氧含量低于 0.1mg/L 的高温水中的动态腐蚀试验结果，它表明从减缓碳钢的腐蚀考虑，应将给水的 pH 值调整到 9.5 以上为好。如果低压加热器等使用了铜合金材料，还必须考虑水的 pH 值对水中铜合金腐蚀的影响。图 4-56 是水温 90℃时，铜合金在用氨碱化的水中的腐蚀试验结果。从图中可以看出，pH 值在 8.5～9.5 范围内时，铜合金的腐蚀是较小的；pH 值高于 9.5 时，铜合金的腐蚀迅速加快；pH 值低于 8.5，尤其是低于 7 时，铜合金的腐蚀也急剧加快。因此，钢铁和铜合金混用时，为兼顾钢铁和铜合金的防腐蚀要求，一般将给水的 pH 值调节到 8.8～9.3 或 9.4 的范围内。应该指出的是，控制给水 pH 值在这个范围，对发挥凝结水精处理装置中离子交换设备的最佳效能是不利的，因为这将使处理

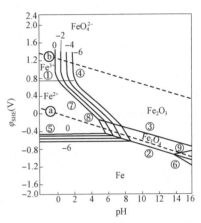

图 4-54　$Fe-H_2O$ 体系的电位-
pH 平衡图（25℃，平衡固相：
Fe、Fe_3O_4、Fe_2O_3）

凝结水的混床设备或其他阳离子交换设备的运行周期缩短；并且对保护钢铁材料不受腐蚀来说，这个范围也不是最佳的，因为它不够高。根据试验研究，要使给水的铁含量降到 $10\mu g/L$ 以下，至少需将给水的 pH 值提高到 9.3～9.5。

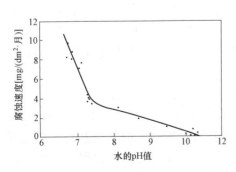

图 4-55　碳钢在高温水中的腐蚀
速度和水的 pH 值的关系

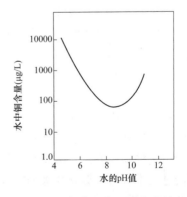

图 4-56　铜合金在 90℃水中的
腐蚀速度与水的 pH 值的关系

3. 调节给水 pH 值的碱化剂

调节二回路给水 pH 值的碱化剂，不但要有效的 pH 调节能力，而且要有良好的物理化学稳定性，不与结构材料发生不利作用，不生成有害于结构材料完整性的残渣，价格低廉，来源充足。

目前，调节给水 pH 值的方法是在给水中添加碱化剂氨（NH_3）或其他挥发性碱化剂（如吗啉、乙醇胺等），其中应用最多的是氨。

由于无辐照时氨在高温高压下不会分解，易挥发，无毒，因此可以在各种类型的发电机组及各种压力等级的机组上使用。

（1）氨。

1）给水加氨处理的实质。给水加氨处理的实质是用氨来中和给水中的游离二氧化碳，并碱化介质，把给水的 pH 值提高到规定的数值。

2）氨的加入。由于氨是一种易挥发的物质，因而氨进入水中后会挥发进入蒸汽，随蒸汽通过汽轮机后排入凝汽器；在凝汽器中，富集在空冷区的氨，一部分会被抽气器抽走，还有一部分氨溶入了凝结水中；当凝结水进入除氧器后，氨随除氧器排气损失一些，剩余的氨进入给水中继续在二回路水汽循环系统中循环。因此，加氨处理估计加氨量时，要考虑氨在二回路水汽系统中的实际损失率。试验表明，氨在凝汽器和除氧器中的损失率约在 20%～30%。如果二回路设置有凝结水精处理系统，则氨将在其中全部被除去。运行时二回路的实际加氨量，一般通过加氨量调整试验决定。

原则上说，因为氨是挥发性很强的物质，不论在二回路的哪个部位加入，整个二回路的各个部位都会有氨。但考虑到水流动的影响，在加药部位附近管道中水的 pH 值会明显高一些，也考虑到经过凝汽器和除氧器后，水中的氨含量将会显著降低，通过凝结水精处理系统时水中的氨将全部被除去，因此，为抑制凝结水 - 给水系统设备和管道以及蒸汽发生器的腐蚀，氨在二回路的加入部位是有所选择的。

若低压加热器热交换管采用铜合金材料，则水的 pH 值不宜太高，以免加剧铜合金的腐蚀；给水通过碳钢制的高压加热器后，铁含量往往上升，为抑制高压加热器碳钢管的腐蚀，要求给水 pH 值调节得高一些，所以，可以考虑分两级加氨。对有凝结水精处理的系统，在凝结水精处理的出水母管及除氧器出水管道上分别设置加氨点；对无凝结水精处理的系统，在补给水母管及除氧器出水管道上分别设置加氨点。在第一级加氨时，将水的 pH 值调节到控制范围的低端，如 8.8～9.0；在第二级加氨时，将水的 pH 值调节到控制范围的高端，如 9.0～9.3 或 9.4。也可按调整试验结果来确定 pH 值，以使系统中铜、铁的腐蚀均较小为宜。

可以用多种方法把氨加入二回路。如果使用的是浓氨水，则先将它配成 0.3%～0.5% 的稀溶液，用柱塞加药泵加入除盐水母管或凝结水精处理装置的出水母管，以及除氧器的出水母管中。这种加药方式，由于柱塞泵行程的特性，使加入的氨液在管道中也呈"柱塞"状。加药过程中，可根据凝结水和给水 pH 值手工调整氨计量泵的行程，也可以根据凝结水和给水的 pH 值监测信号，采用可编程控制器或工控机通过变频器控制加药泵进行自动加药，还可以在除盐水或凝结水出水母管上装置节流孔板，利用孔板前后的压力差将稀氨液加入管道中，用转子流量计指示和控制氨液的加入量。如果使用的是液氨，则可将液氨瓶通过针形阀直接和除盐水或凝结水管道连接，调节针形阀的开度来控制氨的加入量。

3）给水加氨处理的不足。给水采用加氨调节 pH 值，防腐效果十分明显，它减轻了水中游离二氧化碳对热力设备钢铁材料和铜合金材料的腐蚀，并由此降低了各种水和汽中的铁、铜含量，减少了热力设备中的腐蚀产物，特别是减轻了受热面上的沉积和结垢。但因氨本身的性质和热力设备的特点，给水加氨处理也存在不足之处。

一是由于氨的分配系数较大，所以氨在二回路各部位的分布不均匀。所谓"分配系数"，是水和蒸汽两相共存时，某物质在蒸汽中的浓度同与此蒸汽接触的水中的浓度的比值。一般一个物质的分配系数大小除了与该物质的本性有关外，还随水汽的温度而变化。氨的分配系数值与温度的关系如图 4-57 所示。

由图 4-57 可知，氨的分配系数值在很大程度上取决于温度的高低，在温度低于 100℃ 时更是如此；即使温度较高，氨的分配系数值仍大于 1。例如，在 $90\sim110$℃ 范围内，氨的分配系数值在 10 以上。这样，为了使蒸汽凝结时凝成的水中也能有足够高的 pH 值，就要在给水中加入较多的氨。但这又会使某些部位，如凝汽器空冷区蒸汽中的氨含量过高。另外，二氧化碳的分配系数值远大于氨的分配系数值，因此，当水中同时有二氧化碳和氨时，在二回路汽、水发生相变

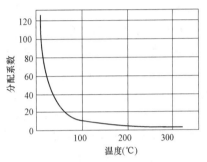

图 4-57 氨的分配系数与温度的关系

部位的水和汽中，二氧化碳与氨含量的比值也会改变。如蒸发过程中，在最初形成的蒸汽里，二氧化碳与氨含量的比值比在水中的要大；在凝汽器抽气器抽出的蒸汽所凝成的凝结水中，二氧化碳与氨含量的比值要比汽轮机主凝结水中的比值大。这样，更会造成一些部位的水中氨含量不足以中和二氧化碳。

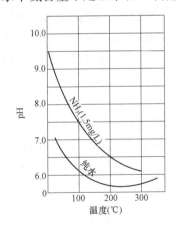

图 4-58 水溶液的 pH 值
与温度的关系

二是氨水的电离平衡常数受温度影响很大，当给水的温度升高时，氨水的电离度降低，氨的碱性减弱。如温度从 25℃ 升高到 270℃ 时，氨的电离常数值下降一个数量级以上（从 1.8×10^{-5} 降到 1.12×10^{-6}），水中 OH^- 离子的浓度也降低了。这样，给水温度较低时，为中和游离二氧化碳和维持必要的 pH 值所加的氨量，在给水温度升高后就显得不够，不足以维持给水的 pH 值在必需的碱性范围。这是高压加热器碳钢管束腐蚀加剧的原因之一，由此还会造成高压加热器后给水铁含量增加的不良后果。图 4-58 给出了纯水的 pH 值和含氨 1.5mg/L 的水的 pH 值随温度变化的曲线。

为了维持高温给水中足够高的 pH 值，必须增加给水氨含量，这就可能造成上面已经提到的凝汽器空冷区氨浓度的进一步升高以及主凝结水的 pH 值过高，从而将使处理凝结水的混床设备的运行周期缩短。此时，如果水中又含有相当数量的氧的话，将使凝汽器空冷区和低压加热器黄铜管遭受严重腐蚀，因为氧起阴极去极化剂作用，促使黄铜在氨溶液中溶解形成 $Cu(NH_3)_4^+$、$Cu(NH_3)_4^{2+}$、$Zn(NH_3)_4^+$、$Zn(NH_3)_4^{2+}$ 等络离子而腐蚀。

因此，加氨使给水维持适当的碱性，是保护二回路钢铁和铜合金材料、消除游离二氧化碳腐蚀的一个行之有效的方法，但也并不是完美无缺的，因为热力设备内游离二氧化碳量越

多，则氨的用量越大，热力设备中黄铜材料受腐蚀的可能性也越大。所以，解决给水因含游离二氧化碳而致使 pH 值过低的问题，主要措施应是降低给水中碳酸化合物的含量及防止空气漏入系统，加氨处理只能是辅助措施。

（2）其他碱化剂。与氨水相比，吗啉和乙醇胺（Ethanolamine，ETA）的分配系数小得多。如温度 100℃时，氨的分配系数为 10.5，吗啉的为 0.48、小于 1。一个物质的分配系数越大，表示在汽、液两相共存时，汽相中该物质的浓度与液相中的浓度相比越高；分配系数越小，液相中的浓度与汽相中的相比越高。分配系数小于 1 意味着在水、汽两相共存时，碱化剂大部分将溶入水相中，这更有利于提高汽水相变部位蒸汽凝结水的 pH 值和防止酸性物质的腐蚀。

由于吗啉和乙醇胺能克服氨水的缺陷，目前国外压水堆核电站二回路已大多使用它们替代氨水来提高给水 pH 值。试验结果表明，乙醇胺作为压水堆核电站二回路碱化剂，控制 pH 在 9.0～9.8 范围，能比氨水更有效的抑制蒸汽发生器传热管和二回路系统材料的各种类型腐蚀（包括因科镍 - 600、因科洛依 - 800 合金的应力腐蚀破裂），淤渣生成率和腐蚀速度较低；吗啉作为二回路水碱化剂，也能够显著抑制蒸汽发生器传热管和二回路系统材料的各种类型腐蚀。法国压水堆核电站二回路较多应用吗啉作为碱化剂，美国压水堆核电站二回路较多应用乙醇胺作为碱化剂。运行经验表明，吗啉和乙醇胺作为碱化剂，能延长压水堆核电站二回路设备的使用寿命。我国现在正在进行吗啉和乙醇胺的应用研究。

六、汽轮机的腐蚀及防止

进入汽轮机的蒸汽中可能含有气态杂质（蒸汽溶解的硅酸和各种钠化合物等）、固态杂质（主要是剥落的氧化铁微粒），少数水工况不良的蒸汽发生器引出的蒸汽中甚至可能有 H_2S、SO_2、有机酸和氯化氢等气体杂质。

蒸汽中的杂质进入汽轮机后，有些（如氢氧化钠、氯化钠、硫酸钠、氯化氢和有机酸等）会引起均匀腐蚀、点蚀、应力腐蚀破裂、腐蚀疲劳以及这几种情况组合的复杂故障。均匀腐蚀虽然不至于造成什么大问题，但点蚀、应力腐蚀破裂、腐蚀疲劳而引起的汽轮机部件损坏，常会造成很大损失，而且会延长停运时间。

（一）汽轮机低压缸的酸性腐蚀

采用除盐水作二回路补给水，水汽品质变得很纯，对减轻二回路热力设备的结垢和积盐起了很大作用，但对酸的缓冲能力减弱了。在这种情况下，如有物质加入或漏入二回路，则水汽品质会发生明显变化。当用氨调节给水的 pH 值时，水中某些酸性物质的阴离子如果转化为酸性物质，则容易进入汽轮机，引发汽轮机的酸性腐蚀。因此，以除盐水作为二回路的补给水后，一些汽轮机的某些部位出现了酸性腐蚀现象。

汽轮机发生酸性腐蚀的部位主要有低压缸的入口分流装置、隔板、隔板套、叶轮以及排汽室缸壁等。受腐蚀部件的表面保护膜被破坏，金属晶粒裸露完整，表面呈现银灰色，类似钢铁被酸浸洗后的表面状况。隔板导叶根部常形成腐蚀凹坑，严重时蚀坑深达几毫米，以致影响叶片与隔板的结合，危及汽轮机的安全运行。出现酸性腐蚀的部件，其材质均是铸铁、铸钢或普通碳钢，而合金钢部件没有出现酸性腐蚀。

上述部位发生酸性腐蚀与这些部位接触的蒸汽和凝结水的性质有关。通常，蒸汽携带挥发性酸的含量是很低的，每升仅有几微克。而蒸汽中同时存在较大量的氨，约有 200～2000μg/L。这种汽轮机蒸汽凝结水的 pH 值一般为 9.0～9.6。如果汽轮机低压缸汽流通道中的金属材料接触的是这样的水，不至于发生严重的腐蚀。

在低于临界温度的蒸汽和水之间，只有在极慢的加热或冷却条件下处于平衡时，才会在相应的饱和温度和压力下完成汽-液相的相变过程。在汽轮机中，蒸汽因迅速膨胀而过冷，因而其成核、长大成水滴的时间滞后。因此，实际上汽轮机运行时，蒸汽凝结成水并不是在饱和温度和压力下进行的，而是在相当于理论（平衡）湿度4％附近的湿蒸汽区发生的，这个区域称为威尔逊线区。所以，在汽轮机运行的蒸汽膨胀做功过程中，在威尔逊线区才真正开始凝结形成最初的凝结水。

汽轮机酸性腐蚀发生的部位恰好是在产生初凝水的部位，因而它与蒸汽初凝水的化学特性密切相关。在威尔逊线区附近形成初凝水的结果是工作介质由单相（蒸汽）转变为两相（汽、液），蒸汽所携带的化学物质在蒸汽和初凝水中重新分配，如果进入初凝水中的酸性物质比碱性物质多，则可能引起酸性腐蚀。若某物质的分配系数大于1，则该物质在蒸汽中的浓度将超过它在初凝水中的浓度，即该物质溶于初凝水的倾向小；反之，该物质溶于初凝水的倾向大，或者说该物质会在初凝水中浓缩。蒸汽中携带的酸性物质的分配系数通常都小于1。例如，100℃时，HCl、H_2SO_4等的分配系数均在3×10^{-4}左右；甲酸（HCOOH）、乙酸（CH_3COOH）、丙酸（C_2H_5COOH）的分配系数分别为0.20、0.44和0.92。因此，当蒸汽中形成初凝水时，它们将被初凝水"洗出"，造成酸性物质在初凝水中富集和浓缩。试验数据表明，初凝水中CH_3COOH的浓缩倍率在10以上，Cl^-的浓缩倍率达20以上；而对增大初凝水的缓冲性、消除酸性物质阴离子影响有利的Na^+的浓缩倍率却不大，初凝水中Na^+的浓度只比蒸汽中Na^+的浓度略高一点。由于Na^+比酸性物质阴离子的分配系数大，导致这两类物质不是等摩尔进入初凝水中（如甲酸不能全部以HCOONa，而是有部分以HCOOH的形式进入初凝水中），故初凝水呈酸性。采用氨作为碱化剂来提高水汽系统介质的pH值时，由于氨的分配系数大，在汽轮机生成初凝水的湿蒸汽区，它大部分留在蒸汽中，少量进入初凝水。即使给水氨量足够，湿蒸汽区凝结水中氨的含量也相对不足，加之氨是弱碱，因此，氨只能部分地中和初凝水中的酸性物质。

所以，初凝水与蒸汽相比，pH值低，可能呈中性，甚至为酸性。这种低pH值的初凝水对所附着部位具有侵蚀性。当空气漏入水汽系统使蒸汽中氧含量增大时，也使初凝水中的溶解氧含量增大，从而增强了初凝水对金属材料的侵蚀性。随着蒸汽流向更低压力部位，蒸汽凝结的比例增加，氨最终会全部溶解在最后凝结水中，即凝汽器空冷区的凝结水中，凝结水的pH值升高。

（二）汽轮机叶片的应力腐蚀破裂

随着现代高参数汽轮机部分采用新合金材料，增加了汽轮机叶片对应力腐蚀破裂的敏感性。发生应力腐蚀破裂的三要素为敏感性材料、应力和特殊腐蚀性环境。汽轮机选用的材料和应力水平，是设计和制造时已确定了的，因此，环境即蒸汽中杂质的组分与含量决定着是否发生应力腐蚀破裂。当蒸汽在汽轮机内凝结时，蒸汽中的杂质或者形成侵蚀性的水滴，或者形成腐蚀性沉积物。研究表明，只要每千克蒸汽中含有微克数量级的氢氧化物、氯化物或有机酸，就会引起应力腐蚀破裂。还有的研究报告指出，在汽轮机内，Na_2SO_4和NaCl也会引起汽轮机腐蚀。现场经验表明，汽轮机叶片的运行条件处在焓熵图（i-s图）上接近饱和线的区域，即汽轮机在湿蒸汽区域工作的最先几级的通流部分，最易发生应力腐蚀破裂。

蒸汽中微量（$\mu g/kg$）有机酸和HCl引起汽轮机腐蚀损坏的事例很多。例如，国外有一台汽轮机工作还不到一年，就发现低压缸转子叶片有腐蚀损坏。腐蚀主要发生在7~10级叶片的围带处，该处有腐蚀裂纹。热力学计算表明，这里是最初凝结小水滴的区域。研究人员在第10级的蒸汽中检测出了酸，这些酸是几种有机酸的混合物，包括97%的醋酸、2.2%的丙酸和0.3%的丁酸。此外，还曾在一台海水冷却的凝汽器机组中发现了汽轮机叶片的腐蚀损坏，经检测，确定腐蚀损坏是由蒸汽中的HCl引起的。

（三）汽轮机零部件的点蚀和腐蚀疲劳

蒸汽中的氯化物还可以使汽轮机的叶片和喷嘴表面发生点蚀，这种腐蚀有的还出现在叶轮和汽缸本体上。这种点蚀是由于Cl^-破坏了合金钢表面的氧化膜所致，它大多出现在湿蒸汽区域的沉积物下面。同理，当汽轮机停机时，若蒸汽漏入冷态汽轮机中，所有叶片上都可能会发生点蚀。

众所周知，零部件受交变应力作用且环境中有腐蚀性物质存在时，材料的疲劳极限就下降。多年来的试验研究证实，在氯化物溶液中，汽轮机叶片的腐蚀疲劳强度大为下降。

喷嘴和叶片表面的点蚀坑会增大粗糙度而使摩擦力增加，以致降低效率，更为严重的是，点蚀坑的缺口会促进腐蚀疲劳裂纹的形成，直接影响汽轮机的使用寿命。

（四）防腐蚀方法

为了防止汽轮机的腐蚀，重要的是应该保证蒸汽纯度。此外，还应注意以下几点。

（1）补给水处理系统的选择，不仅要考虑水中盐类、硅化合物的含量，还应注意除去有机物。在水处理设备的运行中，不仅要调整除盐设备的运行，而且要力求预处理装置处于最佳运行工况，以除去有机物和各种胶态杂质，保证补给水的电导率小于$0.2\mu S/cm$（25℃）。此外，应防止原水、冷却水中的有机物和离子交换树脂漏入热力系统的水汽中，以免它们在二回路高温高压条件下分解，影响汽水中离子间的平衡，形成有利于腐蚀的环境；还应提高汽轮机设备的严密性，防止空气漏入。

（2）二回路热力设备进行化学清洗时，应注意避免污染汽轮机。用酸性或碱性化合物清洗热力设备中的沉积物时，若把热的化学药品的溶液排入凝汽器，很容易引起汽轮机低压部分进腐蚀性蒸汽。为此，应采取隔离汽轮机的措施，如在凝汽器喉部安置不透水蒸气的薄膜。

（3）提高汽轮机内最初凝结的水滴的pH值，即在二回路水汽系统中加入分配系数较小的挥发性碱化剂，如吗啉、乙醇胺等。

（4）增强酸性腐蚀区域材质的耐蚀性能，如采用等离子喷镀或电涂镀在金属表面镀覆一层耐蚀材料层。

七、发电机内冷水系统的腐蚀与防护

（一）发电机的水内冷

发电机在运转过程中有部分动能转换成热能。这部分热能如不及时导出，容易引起发电机定子、转子绕组过热甚至烧毁。因此，需要用冷却介质冷却发电机定子、转子和铁芯。

发电机所用冷却介质主要有空气、油、氢气、水。

空气的冷却能力小，摩擦损耗大，不适于大容量机组。因此，空气冷却的发电机正逐渐被淘汰。

油黏度大，通常为层流运动，表面传热比较困难，因此，被冷体得不到及时冷却，且易发生火灾。

氢气的热导率是空气的 6 倍以上，而且它是最轻的气体，对发电机转子的阻力最小，所以大型发电机广泛采用氢气冷却方式。但氢冷需要有严密的发电机外壳、气体系统及不漏氢的轴密封，需增设油系统和制氢设备，对运行技术和安全要求都很高，给制造、安装和运行带来了一定困难。

纯水的绝缘性较高，热容量大，不燃烧。此外，水的黏度小，在实际允许的流速下，其流动是紊流，冷却效率高，可保证及时带走被冷体的热量。

因此，目前普遍用氢气和水作为发电机的冷却介质。

发电机的冷却方式通常按定子绕组、转子绕组和铁芯的冷却介质区分。例如：定子绕组水内冷、转子绕组氢冷和铁芯氢冷的冷却方式称为水－氢－氢；同理，定子绕组水内冷、转子绕组水内冷和铁芯空冷的冷却方式称为水－水－空。水内冷是指将发电机定子或转子线圈的铜导线做成空芯、水在里面通过的闭式循环冷却方式。水连续地流过空芯铜导线，带走线圈热量；进入空芯铜导线的水来自内冷水箱，内冷水箱内的水通过耐酸水泵升压后送入管式冷却器、过滤器，然后再进入定子或转子线圈的汇流管，进入空芯铜导线，将定子或转子线圈的热量带出来再回到内冷水箱。内冷水箱的水（包括补水）一般是直接引来的合格二次除盐水，也有的是凝结水或高混（高速混床）出水。开机前管道、阀门等所有元件和设备要多次冲洗排污，直至水质取样化验合格后方可向定子或转子线圈充水。

随着发电机单机容量越来越大，要求不断改善冷却方式。水的冷却能力大，允许发电机的定子、转子的线负荷和电流密度大，这为提高单机容量、减轻单机质量创造了条件。所以，现代大型发电机均采用水冷却。可以说，水内冷发电机技术的应用，为发电机的发展开辟了一条新的道路。

（二）水内冷存在的问题

虽然水内冷发电机有众多优点，也得到了广泛应用，但空芯铜导线的腐蚀问题比较突出。空芯铜导线的腐蚀产物，只有少量附着在腐蚀部位的管壁表面上，大部分进入冷却介质中。被带入空芯铜导线冷却介质中的腐蚀产物，在定子线棒中会被发电机磁场阻挡而沉积。因此，空芯铜导线的腐蚀会产生极其严重的后果。

目前，大型发电机内冷水水质及运行方面存在的主要问题是：空芯铜导线腐蚀速度大，水质指标难以合格（包括内冷水 pH 控制不稳，电导率、铜含量超标严重），从而使泄漏电流增大、电气绝缘性能降低，沉积物阻塞水回路造成线圈温升增加；系统密闭性较差，造成补水频繁、运行操作量大、水量损失较大等。一些发电机组曾发生因发电机内冷水水质不理想引起频繁跳机、降负荷运行，甚至烧毁发电机等事故，对发电机的安全运行构成了严重威胁。

（三）发电机空芯铜导线的腐蚀机理

发电机空芯铜导线的材质为紫铜（工业纯铜），紫铜在不含氧水中的腐蚀速度很小，数量级仅为 $10^{-4}g/(m^2 \cdot h)$。当水中同时含有游离二氧化碳和溶解氧时，铜的腐蚀速度大大增加。

大多数发电机以除盐水作为内冷水的补充水，铜导线按下述反应发生腐蚀。

阳极反应（铜被氧化溶解）：

$$Cu-e \longrightarrow Cu^+$$

$$2Cu+H_2O-2e \longrightarrow Cu_2O+2H^+$$

$$Cu-2e \longrightarrow Cu^{2+}$$

阴极反应（溶解氧被还原）：$O_2+2H_2O+4e \longrightarrow 4OH^-$

进一步反应：

$$2Cu^++1/2O_2+2e \longrightarrow Cu_2O$$
$$2Cu_2O+O_2+4e \longrightarrow 4CuO$$
$$Cu^++1/2O_2+e \longrightarrow CuO$$

反应结果是铜表面先形成暗红棕色 Cu_2O 膜而变暗、随时间延长可能逐渐变黑。

由于覆盖在铜表面上的氧化物的保护，铜的溶解受到阻滞，因而铜的腐蚀不单取决于铜生成的固体氧化物的热力学稳定性，还与氧化物能否在铜表面上生成黏附性好、无孔隙且连续的膜有关。若能生成这样的膜，则保护作用好，可防止铜基体与腐蚀性介质直接接触；若生成的膜是多孔的或不完整的，则保护作用不好。同时，保护膜的稳定性还与介质的性质有关，如果介质具有侵蚀性，可使生成的保护膜溶解，则此保护膜也不具有阻止金属腐蚀的作用。除盐水的纯度很高，但缓冲性很小，易受空气中二氧化碳和氧的干扰，如它的 pH 值会因少量二氧化碳的溶入而明显下降。pH 值的下降会引起 Cu_2O 和 CuO 的溶解度增加，从而破坏空芯铜导线表面的初始保护膜，加剧空芯铜导线腐蚀，反应式为

$$CO_2+H_2O \Longleftrightarrow H_2CO_3$$
$$H_2CO_3 \Longleftrightarrow H^++HCO_3^-$$
$$CuO+2H^+ \longrightarrow Cu^{2+}+H_2O$$
$$Cu_2O+2H^+ \longrightarrow 2Cu^++H_2O$$

（四）铜导线腐蚀的影响因素

1. 电导率

电导率对内冷水系统的影响主要表现在电流泄漏损失上。电导率大，水的绝缘性差。由于冷却水系统的外管道和设备外壳是接地的，因此会引起较大的泄漏电流，造成电流损失，并使聚四氟乙烯等绝缘引水管老化，导致发电机相间闪络，甚至破坏设备。电导率越大、定子电压越高、冷却水系统电阻越小，泄漏电流越高。随着机组容量的提高，对电导率的要求也越来越高。所以，从减小电流泄漏损失考虑，认为电导率越低越好。

电导率对内冷水系统铜的腐蚀也会产生一定影响，主要表现在低电导率条件下腐蚀严重。有关文献介绍了电导率对铜腐蚀的影响：电导率降低，腐蚀速度上升；电导率由 $1.0\mu S/cm$ 减小到 $0.5\mu S/cm$ 时，铜的腐蚀速度上升 1.8 倍；如果电导率降低到 $0.2\mu S/cm$，铜的腐蚀速度上升 35 倍。因此，一般认为电导率的低限为 $1.0\mu S/cm$，个别电压等级较高的机组也不应低于 $0.5\mu S/cm$。因为纯水能溶解很多物质，包括金属。与金属的化合物相比，除铂、金外，其他金属都具有比较高的自由能，需要通过反应形成氧化物和其他化合物来达到稳定状态。当电导率不大于 $1.0\mu S/cm$ 时，水的介电常数减小，铜的溶解度增加。所以，从防腐蚀的角度看，电导率过低并非好事。

另外，电导率越高，水中导电离子的含量越多，溶液电阻越小，阴、阳极电极反应的阻力也越小，铜的腐蚀加快。

2. 溶解氧

水中溶解氧具有双重性质：一方面，溶解氧作为阴极去极化剂会引发空芯铜导线的腐蚀，促进不稳定的氧化物生成；另一方面，在一定条件下，氧与铜反应，在铜导线表面形成

一层保护膜，阻止铜导线进一步腐蚀。但是，如果氧含量太高，则铜腐蚀速度仍较大，因而不能指望通过提高内冷水氧含量来抑制空芯铜导线的腐蚀。内冷水系统的运行温度通常为20～85℃（空芯铜导线部位水温常在40℃以上），内冷水与空气接触后溶解氧的饱和浓度为每升几毫克，铜的腐蚀速度较高。为避免腐蚀，国外规定内冷水溶解氧含量的上限值为20μg/L 或 50μg/L，我国发电机内冷水的水质指标中规定，有条件的定子内冷水溶解氧含量应<30μg/L，因为溶解氧是引起空芯铜导线腐蚀的根本因素，应加强监测和控制。

3. pH 值

pH 值对铜在水中腐蚀的影响，可借助于铜－水体系的电位－pH 平衡图进行分析。

电位－pH 平衡图是热力学平衡图，在金属－水体系的电位－pH 图上汇集了水溶液中金属腐蚀体系的重要热力学数据，比较直观地显示了金属在不同电位和 pH 值条件下可能产生的各种物质及其热力学稳定性。通过电位－pH 图可推断发生腐蚀的可能性，并可启发人们用控制电位或改变介质 pH 值的方法来防止金属腐蚀。

假如金属在一个原来没有它的离子存在的溶液中发生溶解，当该金属含量超过某一数值时，可认为该金属发生了腐蚀。通常，以 10^{-6} mol/L 作为腐蚀发生与否的界限，也就是说，当金属可溶性离子的浓度小于 10^{-6} mol/L 时，认为金属没有腐蚀；反之，认为金属发生了腐蚀。但是，根据内冷水控制标准，应该以可溶性铜离子总和等于 $10^{-6.5}$ mol/L （即 20μg/L）作为腐蚀发生与否的界限。

下面取 10^{-6} mol/L （即 64μg/L）、$10^{-6.2}$ mol/L、$10^{-6.5}$ mol/L （即 20μg/L）、10^{-7} mol/L 作为铜发生腐蚀与否的界限浓度，列出 25℃时铜水体系的反应和平衡条件关系式，以 Cu、Cu_2O、CuO 和 Cu_2O_3 为平衡固相绘出铜－水体系的简化电位－pH 平衡图（25℃），如图 4-59 所示。

(1) $Cu^{2+} + 2e \longrightarrow Cu$
$$\varphi_e = 0.337 + 0.0295 \lg a_{Cu^{2+}}$$

(2) $2Cu^{2+} + H_2O + 2e \longrightarrow Cu_2O + 2H^+$
$$\varphi_e = 0.203 + 0.0591 pH + 0.0591 \lg a_{Cu^{2+}}$$

(3) $CuO + 2H^+ \rightleftharpoons Cu^{2+} + H_2O$
$$\lg a_{Cu^{2+}} = 7.89 - 2pH$$

(4) $Cu_2O + 2H^+ + 2e \longrightarrow 2Cu + H_2O$
$$\varphi_e = 0.471 - 0.0591 pH$$

(5) $2CuO + 2H^+ + 2e \longrightarrow Cu_2O + H_2O$
$$\varphi_e = 0.669 - 0.0591 pH$$

(6) $CuO + H_2O \rightleftharpoons HCuO_2^- + H^+$
$$\lg a_{HCuO_2^-} = -18.83 + pH$$

(7) $CuO + H_2O \longrightarrow CuO_2^- + 2H^+ + e$
$$\varphi_e = 2.609 - 0.1182 pH + 0.0591 \lg a_{CuO_2^-}$$

(8) $2HCuO_2^- + 4H^+ + 2e \longrightarrow Cu_2O + 3H_2O$
$$\varphi_e = 1.783 - 0.1182 pH + 0.0591 \lg a_{HCuO_2^-}$$

(9) $2CuO_2^{2-} + 6H^+ + 2e \longrightarrow Cu_2O + 3H_2O$
$$\varphi_e = 2.560 - 0.1773 pH + 0.0591 \lg a_{CuO_2^{2-}}$$

(10) $CuO_2^{2-} + 4H^+ + 2e \longrightarrow Cu + 2H_2O$

$$\varphi_e = 1.515 - 0.1182pH + 0.0295lga_{CuO_2^{2-}}$$

(11) $Cu_2O_3 + 6H^+ \Longrightarrow 2Cu^{3+} + 3H_2O$

$$lga_{Cu^{3+}} = -6.09 - 3pH$$

(12) $Cu_2O_3 + 6H^+ + 2e \longrightarrow 2Cu^{2+} + 3H_2O$

$$\varphi_e = 2.114 - 0.1773pH - 0.0591lga_{Cu^{2+}}$$

(13) $Cu_2O_3 + 2H^+ + 2e \longrightarrow 2CuO + H_2O$

$$\varphi_e = 1.648 - 0.0591pH$$

(14) $Cu_2O_3 + H_2O \Longrightarrow 2CuO_2^- + 2H^+$

$$lga_{CuO_2^-} = -16.31 + pH$$

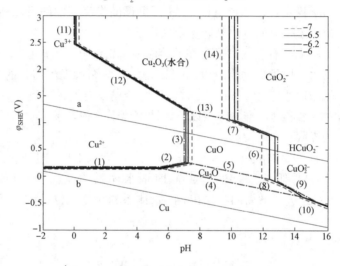

图 4-59 铜水体系的电位-pH图（25℃）

在图4-59中，铜及其氧化产物的等溶解度线（如$10^{-6.5}$mol/L）把电位-pH平衡图划分为腐蚀区、免蚀区和钝化区；铜水体系的电位和pH值共同决定铜的状态，即铜处于哪个区域。

由图4-59可知（以$10^{-6.5}$mol/L为例），在电位大于0.1V、pH值低于7.20所围成的区域中，出现Cu^{2+}，是铜的腐蚀区；在电位大于0.1V、pH值高于7.20所围成的区域中铜不会发生腐蚀，这是铜的稳定区；存在CuO_2^-和$HCuO_2^-$、CuO_2^{2-}的可溶性化合物的稳定区域，也是铜的腐蚀区。

从化学热力学的观点看，水中铜的电极电位低于氧的电极电位，因此铜能被氧所腐蚀。但是，腐蚀反应能否持续下去，取决于腐蚀产物的性质，如果产物在铜表面沉积快而致密，就能形成保护膜；反之，腐蚀持续进行。内冷水系统中，氧腐蚀铜导线的产物是氧化铜和氧化亚铜，属于两性氧化物，pH值过高或过低都会导致它们溶解，因而使铜导线发生腐蚀，这可结合图4-59加以解释。仍以$10^{-6.5}$mol/L为例，在pH<7.20的区域，pH值不高，氧化铜和氧化亚铜在铜导线表面很难形成保护膜，此时铜处于图中所示的Cu^{2+}区域，即腐蚀区；在7.20<pH<12.33的区域，水呈碱性，氧化铜和氧化亚铜的溶解度很小，即它们会在铜表面形成保护膜；在pH>12.33的区域，水呈强碱性，氧化铜和氧化亚铜作为酸性氧化物而被溶解，此时铜处于图中所示的 $HCuO_2^-$、CuO_2^{2-} 或 CuO_2^- 区域，即腐蚀区。

对于发电机内冷水系统，若不考虑空芯铜导线的电位，只考虑提高 pH 值防止空芯铜导线的腐蚀，并以 $10^{-6.5}$ mol/L 也就是 $20\mu g/L$ 作为腐蚀发生与否的界限，则铜稳定存在的 pH 值区间为 7.20～12.33。因此，单纯从控制铜含量不大于 $20\mu g/L$、电导率不超过 $2.0\mu S/cm$ 考虑，发电机内冷水 pH 值的控制范围宜为 7.20～8.89（用 NaOH 调节 pH 值）或 8.85（用氨水调节 pH 值）。这里将 pH 值控制范围的上限调至 8.89 或 8.85，是因为对于纯水，当 pH 值为 8.89（用 NaOH 调节 pH 值）或 8.85（用氨水调节 pH 值）时，理论计算的电导率为 $2.0\mu S/cm$，这是 DL/T 801—2010 和 GB 12145—2016 中规定的发电机定子内冷水电导率的控制上限。

4. 二氧化碳

内冷水中二氧化碳对铜导线腐蚀的影响主要表现在以下两个方面。

（1）二氧化碳溶于水后降低水的 pH 值，破坏表面保护膜，使铜进入腐蚀区。

（2）在有氧的情况下，它可以直接参与化学反应，使保护膜中的 Cu_2O 转化为碱式碳酸铜 $[CuCO_3 \cdot Cu(OH)_2]$，该物质比较脆弱，在水中的溶解度也比较大，在水流冲刷下极易剥落而堵塞空芯铜导线，还会造成内冷水中铜含量上升。

5. 水温

对于密闭性不好的内冷水系统，一方面水温上升，铜的腐蚀加快；另一方面温度影响系统的漏气量，从而影响铜的腐蚀。因为水温上升到一定数值后，溶解的腐蚀性气体（如 O_2、CO_2）减少，故腐蚀速度反而下降。

6. 流速

内冷水的流动对腐蚀产生两方面的影响。

（1）水的流速越高，机械磨损越大。有人用电解铜做的空芯导线进行过内冷水的流速试验。结果表明：流速为 0.2m/s 和 1.65m/s 时，铜的月腐蚀量约为 $0.7mg/cm^2$ 和 $2mg/cm^2$；流速超过 5m/s，还会产生空蚀现象。在设计发电机时，空芯铜导线内水流速度一般小于 2m/s。与腐蚀相比，水流的机械磨损并不重要。

（2）水的流速越高，腐蚀速度越大。因为水的流动加快了水中腐蚀性物质向金属表面迁移，水中的金属氧化物颗粒（腐蚀产物、磨损产物、外界带入的颗粒）加速磨损并破坏铜导线表面的保护膜，特别是在水流转变处、非均匀磁场处和线棒从定子槽伸出的部位，这种磨损加速腐蚀更为严重。

（五）发电机内冷水处理与空芯铜导线防腐蚀

1. 密闭系统处理

由于空芯铜导线在内冷水中的腐蚀由氧引起、二氧化碳促进，而这两种物质都来自空气，所以密闭内冷水系统，可以降低内冷水中氧和二氧化碳的含量，有效减缓铜导线的腐蚀。

除了密闭内冷水系统外，还可采取以下密闭措施：①充氮或充氢密封；②在内冷水箱排气孔上安装除 CO_2 呼吸器；③将溢流管改成倒 U 型管水封。

如果内冷水补水为除盐水，需要保证补水系统包括除盐水箱和补水管道等的密封性，以减少补水带入的溶解氧和二氧化碳含量，或者补充高混出水。应注意的是，除盐水和高混出水都是中性水，水的缓冲能力小，如果系统密封性不好，漏入少量二氧化碳就会将内冷水的 pH 值降到 7 以下，引起铜导线腐蚀。

2. 钠型小混床旁路处理

钠型小混床为 Na/OH 型混床，里面装的是再生充分、清洗干净、混合均匀的 Na 型和 OH 型树脂。内冷水流过该床时，阳离子（主要是 Cu^{2+} 和 Fe^{2+} 或 Fe^{3+}）转化为 Na^+、阴离子（主要是 HCO_3^-）转化为 OH^-，因此，Na/OH 型混床的出水呈碱性。这一方面相当于向内冷水中投加了 NaOH，将内冷水的 pH 值维持在微碱性，即 pH 值在 7.0～9.0 的范围内；另一方面也降低了内冷水的电导率和铜含量。这样，同步实现了内冷水 pH 值、电导率和铜含量三项指标的协调控制。目前，这种处理方法已被广泛使用。实践表明，内冷水系统密闭性好时，Na/OH 型混床处理具有水质稳定、运行周期长、运行工作量少等优点。

八、凝汽器钛管的腐蚀与防护

钛管以其优异的耐腐蚀、抗冲刷、高强度、密度小和良好的综合机械性能，已成为采用海水冷却的发电机组凝汽器的理想管材。

（一）凝汽器钛管的耐蚀性

凝汽器钛管常采用工业纯钛，如我国的 TA0、TA1 和 TA2 等。钛的耐蚀性，与铝一样，起因于钛表面的保护性氧化膜。钛的新鲜表面一旦暴露在大气或水中后，立即会自动形成新的氧化膜。在室温大气中，该膜的厚度为 1.2～1.6nm；随着时间延长，该膜会自动逐渐增厚到几百 nm。钛表面的氧化膜通常是多层结构的氧化膜，从氧化膜表面的 TiO_2 逐渐过渡到中间的 Ti_2O_3，在氧化物金属界面则以 TiO 为主。

钛在海水等自然水中几乎都不会发生任何形式的腐蚀。在热水中，钛可能失去光泽，但不会发生腐蚀。因此，钛在所有天然水中是最理想的耐蚀材料，在海水中尤其可贵。如在污染海水中的钛管凝汽器使用 16 年，只发现稍有变色而没有任何腐蚀迹象。海水中存在硫化物也不影响钛的耐蚀性。在海水中，即使钛表面有沉积物或海生物，也不发生缝隙腐蚀和点蚀。钛也能抗高速海水的冲刷腐蚀，水的流速高达 36.6m/s 时只引起冲刷腐蚀速度稍有增加，海水中固体悬浮物颗粒（例如砂粒）对钛的影响不大。工业纯钛在海水中基本上不发生应力腐蚀破裂，疲劳性能也不会明显下降。但是，钛在海水中的电极电位低于 -0.70V（SCE）时，可能析氢而发生氢脆，这种情况可能是在对凝汽器进行阴极保护，或当钛管与电极电位较低的金属（如铜合金管板）形成电偶腐蚀电池时发生，对此应予以足够重视。

（二）钛管凝汽器设计中的问题

钛管凝汽器设计中的几个重要问题如下：

（1）防腐蚀设计。在凝汽器设计中，为了防止海水对凝汽器管水侧的腐蚀，凝汽器管全部选用钛管；为了防止钛管与管板构成电偶腐蚀电池而导致管板的电偶腐蚀，管板应选用钛板或碳钢板外侧包覆薄钛板（0.3～0.5mm）组成的复合管板，这样就构成了全钛凝汽器。为了保证全钛凝汽器的严密性，钛管经过胀管、翻边后直接与钛板焊接。另外，为了防止全钛凝汽器碳钢水室的腐蚀，应采用良好的衬胶工艺，对碳钢水室进行衬胶处理。这样，整个凝汽器将具有良好的耐蚀性和严密性。

（2）尽量减薄管壁厚度，提高钛管的传热效果。为了提高钛管的传热效果，利用钛强度高和耐蚀性优异的特点，可尽量减薄管壁厚度。综合考虑强度和成本等因素后，凝汽器钛管壁厚通常选用 0.5mm。国外的试验结果表明，虽然铝黄铜的总传热系数是按 $3050\sim3300W/$ $(m^2 \cdot K)$ 设计的，但实际上用 $0℃$ 的海水运行时，只能达到 $2300\sim2600W/$ $(m^2 \cdot K)$；而在同样条件下，钛管的传热系数可达到 $2900\sim3000W/$ $(m^2 \cdot K)$，与设计值相同。在此试验中，钛管之所以有较高的传热系数，与一天进行多达六次的胶球清洗有关。我国钛管凝汽器的实际运行经验也表明，只要冷却水的流速足够大，并进行有效的胶球清洗，钛管的实际传热系数不一定比铜管的差。

（3）减小支撑板间的间距，尽量解决钛管的振动问题。由于使用的钛管壁厚仅 0.5mm，钛的弹性模量约为铜的一半，因此，解决凝汽器钛管的振动问题直接关系到凝汽器的可靠性和使用寿命。为了抑制凝汽器中管束的振动，对全钛凝汽器最外一圈钛管可采用较大的壁厚（如 0.7mm）；但更重要的是应适当地减小支撑板间的间距，以保证排汽压力使钛管发生弯曲时，相邻钛管不会接触；并且，凝汽器钛管的固有频率和汽轮机的转数不应发生共振。这样，凝汽器采用钛管时支撑板间的间距比采用黄铜管时稍小，一般以 $700\sim800mm$ 左右为宜；如果该间距达到 900mm，就比较容易产生振动。此外，还应注意避免补给水、疏水和辅助蒸汽等直接冲击到钛管上，并且防冲击挡板一定要牢固可靠。

（三）钛管凝汽器的维护

（1）运行中的维护。如上所述，钛管在冷却水中几乎不会发生任何形式的腐蚀，因此，人们忽视了对全钛凝汽器的维护，导致钛管水侧清洁度下降，水生物在钛管表面附着和生长，这些都将影响凝汽器的真空度，从而影响机组效率。一般情况下，真空度每下降 400Pa，机组效率就下降 $0.07\%\sim0.14\%$，这是一笔惊人的损失。针对这些问题，可采取下列措施。

1）对钛管进行胶球清洗。

2）对冷却水进行杀生处理。

由于钛对于海生物没有毒性，因此水生物在钛管上比在黄铜管上更容易附着和生长。为了抑制水生物在钛管上的附着和生长，可采取电解海水或直接向冷却水中添加杀生剂（如次氯酸钠或其他工业杀生剂）的方法。为了减少对海水的污染，最好选用高效、低毒、可降解的非氧化型杀生剂。

（2）提高冷却水的流速。提高冷却水的流速可抑制海洋生物在钛管上的附着。在夏季，冷却水流速为 1m/s 时，海洋生物在钛管上的附着数量是 2m/s 时的 $10\sim20$ 倍。另外，提高冷却水的流速还可减少污泥等的沉积，有利于提高凝汽器的清洁度。凝汽器管内的设计流速一般应为 2.3m/s 左右。

（3）定期检修。在机组检修期间，应对凝汽器彻底清扫和检修。在用刷子或 H 形橡皮塞对管内壁作定期清扫处理时，应注意避免将钛管刮伤。钛管凝汽器一般设计的可清理次数在 1000 次以上，国外一年最多清扫 6 次。在我国，大多数电厂一年仅清扫一次，有些电厂未作清扫；有些电厂虽进行过清扫，但用力过大，甚至用钢棒疏通被堵塞的管子，使一些管子被划伤。

在检修消缺时，对有泄漏或缺陷的钛管应进行堵管处理。为了避免电偶腐蚀和保证堵管的严密性，最好不用金属塞。聚四氟乙烯棒的密封效果也不理想，有时同一根管子在半年中需要处理两次。密封效果最好的是半硬质的商品专用橡皮塞。

　　调查结果表明，正常情况下全钛凝汽器可在无阴极保护的情况下长期运行而不发生明显腐蚀。但是，如果凝汽器水室中的螺栓、螺母、抽气管等是用环氧树脂涂敷防腐的，如不进行定期检查与维护，有可能发生腐蚀而导致泄漏，这种泄漏比凝汽器管的泄漏更为严重。例如，某全钛凝汽器的抽气管因防腐涂层脱落，被海水腐蚀穿孔而导致泄漏，在短时间内使 pH 值从 9 降至 4，被迫停运处理两天。

第五章 堆芯外放射性来源与控制

第一节 引 言

保证良好的工作环境，降低辐射场剂量，使核电站工作人员所受的辐射照射剂量保持在合理可行尽量低的水平，以减少其对人员身体健康的影响，是所有核电站辐射场控制的目标。

核电站工作人员所受的辐射剂量是由在辐射区所受的辐射强度和所停留的时间决定的。在检修和维护工作期间导致人员遭受更大剂量的辐射场是压水堆的蒸汽发生器，因为在反应堆燃料元件包壳破损率很小或无破裂的正常运行工况下，堆芯外辐射场的90%放射性强度是由活化的腐蚀产物贡献的。这些腐蚀产物来自堆内部件或冷却剂系统的腐蚀、表面磨损，并由主冷却剂载运到堆芯，在堆芯内活化，随后沉积在堆芯以外的系统表面上，其中钴同位素（^{58}Co 和^{60}Co）是辐射场的主要贡献者。

应从根本上降低辐射区的辐射强度，也可以利用远距离控制设备的操作来减少工作人员所受的辐射强度和减少维护修理来减少工作人员所受辐照的时间。新的核电站正通过控制材料中钴杂质的含量和尽可能减少表面硬化钴基合金的使用来更多地减少钴源。对于已运行的核电站，水化学控制是降低辐射场形成速率的唯一办法。必须仔细做好反应堆首次启动前表面的预处理、良好地控制运行期间和停堆时水化学，以减少整个燃料循环周期内钴同位素的释放、转移、沉积。

核电站运行经验表明，水化学控制良好的压水堆核电站，年集体剂量较低；水化学控制不好，包括水质控制不好的核电站，通常具有较高的辐射场，其年集体剂量甚至是水化学控制良好的压水堆核电站的几倍。

第二节 堆芯放射性来源

反应堆运行过程中，堆芯一方面产生大量的裂变产物，并依照各自的衰变规律递次转换成新的核素；另一方面重核的中子吸收反应也将造成一系列新的更重的核，并因中子过剩发生一系列衰变。除了核燃料本身的这些变化外，堆芯结构材料及冷却剂也会被中子活化生成新的同位素。这样，堆芯就成了一个巨大的放射性源，放射性不断由裂变和中子活化反应生成，又不断因衰变而减少。在定期的换料过程中，大量的放射性物质随燃料由堆芯取出。经过几个换料周期之后，堆芯放射性将程度不同地处于某种平衡状态。尽管堆芯放射性累积量非常大，但由于大部分裂变产物的半衰期很短，所以停堆后堆芯放射性强度很快降低。

注意：由裂变产物衰变而成的稳定核素的量要比放射性核素的量大得多，如稳定 Kr 与放射性^{85}Kr 的质量之比为 4.9/0.3＝16。

第三节　冷却剂中放射性来源

一、裂变产物向冷却剂转移的可能性

（1）包壳未破损时，在所有的裂变产物中，只有氙能够在一定温度下穿透燃料包壳（未破损时）进入冷却剂。

（2）包壳破损时，通常氧化物燃料（UO_2、PuO_2）穿过破损孔隙进入冷却剂的量极低，不会造成污染。但是，许多裂变产物能够通过这些孔隙，即许多来自燃料中的裂变产物能够通过锆合金包壳燃料元件的破损空隙进入冷却剂。

大多数压水堆燃料元件锆合金包壳的破损率在千分之几以下。

（3）燃料制造过程中不可避免地会有极少量的铀、钚燃料黏附在包壳的外表，而且堆芯结构材料本身也含有微量的天然铀，它们也参加裂变反应，其裂变产物会直接进入冷却剂，但由此造成的放射性是极其微小的。

（4）包壳有破损时，燃料中裂变产物的释放，取决于它们的物理化学状态，而后者又受燃料特性和运行条件的影响。

二、裂变产物在氧化物燃料中的状态

对辐照后燃料的试验结果表明：

（1）产额很高的稀土元素能和 UO_2 燃料的基体生成固溶体；

（2）贵金属 Ru、Rh，以及 Pb 等虽不溶于 UO_2，但具有相当高的迁移特性，当性质相近的核素相遇时，会形成某种化合物，夹杂在燃料基体中；

（3）没有明显的迹象表明裂变产物之间的相互作用对它们的释放有显著影响；

（4）裂变产物气体和挥发性元素很难被燃料基体包容；

（5）Cs、Rb、I 和 Br 在高温下的行为与裂变气体非常相近。

三、裂变产物由燃料锭片内逸出的可能性

裂变产物由燃料锭片内逸出，是它们向冷却剂迁移的第一步。但裂变产物能否逸出，与其挥发性和生成自由能密切相关。因为裂变产物的挥发性直接反映了裂变产物的释放性能，挥发性不高的即使扩散到了边缘，也难以释放出来；裂变产物的生成自由能反映裂变产物在特定条件下的可能存在形式。

四、裂变产物由燃料元件包壳缺陷向冷却剂释放的影响因素

影响裂变产物由燃料元件包壳缺陷向冷却剂释放的因素如下：

（1）包壳的破损数量和范围越大，裂变产物的释放越厉害。包壳严重破坏时，惰性气体的释放率要比轻微破损的大1个数量级以上。

（2）裂变产物的释放与堆功率有关，即与燃料温度有关。堆功率的任何变化都将引起裂变产物释放量的增加。

由燃料元件包壳缺陷向冷却剂释放的裂变产物及放射性核素如下：

具有最大挥发性而又不和任何元素化合的惰性气体的释放速度最大。碱金属 Rb 和 Cs 的氧化物在高温下不稳定，在没有多余氧存在时将以元素态出现。元素态碱金属的蒸汽压较高 [在 100℃时为 1.33×10^6 Pa（10^4 mmHg）]，从而也具有较高的释放速率。卤素碘、溴与重金属的化合物很不稳定，它们与其他裂变产物生成稳定化合物的概率也很小，主要以元

素态出现。卤素的蒸汽压仅次于惰性气体，也有很高的释放速率。元素态碱土金属 Sr、Ba 的挥发性较高，但它们的氧化物自由能比燃料金属负得更多，故可能夺取燃料元件中的氧而生成氧化物，因而变得难以挥发。而 Mo、Ru 等元素则相反，其氧化物的挥发性是较高的，但氧化物的自由能为负的不多，故在高温下的挥发性取决于它们的氧化态。Te 及其氧化物都具有较高的挥发性，因而释放率较高。稀土元素和 Zr 及它们的氧化物挥发性都很低，所以释放率低。

运行结果表明，释放量最大的裂变产物是惰性气体、卤素和碱金属核素，其次是 Mo、Te 等具有高挥发性氧化物的核素，碱土金属 Sr 和 Ba 的释放量很小，稀土元素和 Zr 的释放量最低。

注意，不应忽视裂变产物衰变的影响，有些核素本身的挥发性很低，但它们的母体却是挥发性的，例如冷却剂中的 Ba、Sr 本身不易挥发，但它们却是由易挥发的 Kr、Xe 衰变而来。

这样，冷却剂中的放射性主要由惰性气体（^{85,85m,87,88}Kr，^{133,133m,135m,138}Xe，占 90％以上）、碘（^{131,132,133,134,135}I，占 3％以上）、铷（^{88,89}Rb，占 1％以上）、钼（^{90}Mo，约占 1％）和铯（^{136,137,138,144}Cs，占比小于 1％）提供，还有^{84}Br、^{89,90,92}Sr、^{90,91,92}Y、^{95}Zr，^{95}Nb、^{132,134}Te、^{144}Pr等。

五、冷却剂水的放射性活度

冷却剂中裂变产物放射性活度的大小取决于裂变产物从燃料中的逃逸率、核素的衰变率、净化系统的净化作用、裂变产物的沉积以及泄漏造成的冷却剂中裂变产物的损失。因为这些因素的变化范围很宽，所以裂变产物在冷却剂中的变化范围也随之加大。

六、裂变产物在冷却剂水中的行为

冷却剂中的裂变产物常以沉淀形式附着在管壁上。沉积作用因核素和金属表面状况的不同而有很大差异。如裂变产物在不锈钢表面的沉积率比碳钢表面的高，在未氧化表面的沉积率比在氧化表面的高，尤其易于在镍基合金表面沉积。沉积作用与冷却剂温度的关系也很密切。一般说来，温度升高，溶解度也随之增加，部分沉积物溶解。^{95}Zr、^{140}Ba 在较冷表面的沉积量比在较热表面的分别高出 71 倍和 14 倍。碘和钼等能以阴离子状态存在，其核素的沉积量随温度升高而增加。温度对 Cs 的沉积几乎没影响。

但总的说来，裂变产物的沉积对设备内表面放射性的积累是有限的，大多数沉积裂变产物的半衰期也较短；相反，活化腐蚀产物（^{54,56}Mn、^{58,60}Co、^{59}Fe）的沉积较严重，半衰期也较长。因此，在回路放空检修时，发现设备表面沉积膜中活化腐蚀产物的放射性活度比裂变产物的高得多。

第四节　堆芯外放射性来源

由前面可知，压水堆辐射场的主要来源是燃料中的裂变产物和活化腐蚀产物；在压水堆燃料元件包壳无破损或破损极微时，冷却剂的放射性主要由活化了的腐蚀产物所贡献；沉积在设备内壁的活化腐蚀产物是反应堆系统停堆维护和检修时的主要辐射源和辐射威胁。

腐蚀产物中活化反应产生的主要放射性同位素是^{60}Co、^{58}Co、^{54}Mn、^{51}Cr、^{59}Fe 和^{95}Zr。也

就是说，活化腐蚀产物是铁、钴、镍氧化型腐蚀产物活化，形成放射源，其中长寿命放射源是由 ^{59}Co 俘获中子生成的 ^{60}Co，是堆芯外辐射场第一大贡献者。堆芯外辐射场第二大贡献者是 ^{58}Ni 与快中子的（n，p）反应形成的 ^{58}Co 放射源。

腐蚀产物及其活化反应为什么会产生 ^{60}Co、^{58}Co、^{54}Mn、^{51}Cr、^{59}Fe 和 ^{95}Zr 这些放射性同位素呢？

一回路冷却剂中镍的主要来源是因科镍 - 600 合金蒸汽发生器传热管的腐蚀产物。钴的主要来源是因科镍 - 600 等合金中作为杂质存在的钴随腐蚀产物释放于冷却剂中。现在逐渐以因科镍 - 690 合金替代因科镍 - 600 等合金作为压水堆蒸汽发生器传热管的材料，很重要的一个原因就是因科镍 - 690 合金中钴含量低，可以降低堆芯外辐射场的剂量水平。钴的其他来源是控制棒驱动机构、反应堆冷却剂主泵和阀门等高钴合金材料以及压力容器等堆内部件的不锈钢材料中的钴杂质，由于其腐蚀释放于冷却剂中。另外，^{59}Co 是铁矿中铁的伴生矿物，在低合金熔炼过程中将有 0.02％Co 残留其中，而在生产不锈钢过程中由于 Co 与 Ni 难以分离，所以不锈钢中 ^{59}Co 的含量增大。^{59}Co 含量较大的结构材料一旦腐蚀，腐蚀产物中 ^{59}Co 的含量可增大至 0.3％，由 ^{59}Co 形成的放射性几乎增大 30％；经 10000h 后，^{60}Co 的放射性占反应堆回路总放射性的 60％。所以，^{58}Co 是核电站运行初期辐射场的主要贡献者，随着核电站反应堆运行堆年的增加，^{60}Co 逐渐成为辐射场的主要贡献者。进入冷却剂中的钴和镍，一方面沉积于燃料包壳表面、俘获中子形成活化产物 ^{58}Co 和 ^{60}Co，另一方面又逐渐从燃料包壳表面剥落，进入冷却剂中，并以可溶的、不溶的或胶体的形式随冷却剂循环于回路。虽然一回路循环净化系统可以除去部分活化腐蚀产物，但仍有相当数量的活化腐蚀产物进入系统表面上的腐蚀膜内，从而导致堆芯外辐射场积累。

其他放射性核素可通过 ^{54}Fe（n，p）^{54}Mn 等核反应形成。

所以，放射性核素的形成原因是腐蚀产物的活化和放射性腐蚀产物转移到冷却剂中。这种转移取决于金属材料腐蚀产物的转移速度，奥氏体不锈钢腐蚀产物的转移速度约为 100mg/（m^2·月）。

主冷却剂化学和一回路系统设备结构材料是影响堆芯外辐射场积累的主要因素，核电站功率变化及启、停堆次数也影响堆芯外辐射场的积累。

第五节　堆芯外放射性控制

随着核电站单个换料运行周期的不断延长、堆芯内辐射产物的不断累积、设备老化所带来的安全等级下降等问题日益凸显，核电站辐射防护工作者在新形势下面临更多的挑战，重要的是如何控制和降低核电站辐射场剂量。

在压水堆核电站的正常运行工况下，裂变产物的产生、腐蚀产物被活化及辐射场的形成是不可避免的，要控制压水堆核电站辐射场使其降至最低，就要研究活化腐蚀产物和放射性源项在冷却剂中的行为，找出控制辐射场的途径，避免或减少辐射场造成的危害。

虽然核电站的许多运行和设计因素对压水堆堆芯外辐射场的积累有重大影响，但对核电站化学工作者来说，仅主冷却剂化学可控制，而且受到堆的反应性和有关技术指标的约束，可调节余地也有限。

　　冷却剂化学中可控制的参数之一是锂浓度，其结果是控制冷却剂的 pH 值（第四章已详细介绍，这里不赘述）。

　　冷却剂化学另外一个可控制的参数是氢浓度，氢浓度的下限值基于可抑制水辐照分解产生的氧量、上限值基于对燃料包壳一回路水侧应力腐蚀破裂是否有影响。因此，在运行过程中冷却剂中氢浓度的可调范围不大。

第六章　压水堆核电站一回路、二回路水化学参数及其质量标准

本章内容主要摘自中华人民共和国能源行业标准 NB/T 20436—2017《压水堆核电厂水化学控制》和中华人民共和国标准 GB/T 12145—2016《火力发电机组及蒸汽动力设备水汽质量》。

第一节　压水堆核电站一回路水化学参数及其质量标准

一、控制一回路水化学的目的
（1）减少设备腐蚀，确保一回路压力边界完整性；
（2）确保燃料包壳完整性及燃料性能；
（3）降低反应堆堆芯外的放射性水平；
（4）控制反应堆堆芯的反应性。

二、控制一回路水化学的措施
（1）功率运行期间，控制一回路反应堆冷却剂中氢浓度以抑制水的辐照分解，从而控制一回路反应堆冷却剂中溶解氧和其他氧化性辐照分解产物的浓度，减少设备的腐蚀。
（2）通过硼酸和氢氧化锂的协调处理，控制一回路反应堆冷却剂的 pH 值在合适范围内，从而减少腐蚀产物的产生和迁移，并且减少反应堆堆芯外的放射性水平。
（3）通过化学和容积控制系统的过滤、离子交换和除气，减少一回路反应堆冷却剂中的杂质浓度和放射性水平。
（4）控制一回路反应堆冷却剂中硼浓度以调节反应堆堆芯的反应性。在运行期间，通过加硼或稀释的手段控制反应堆冷却剂的硼浓度；在燃料循环末期，通过除硼床降低反应堆冷却剂的硼浓度。
（5）根据核电站实际需求，通过一回路反应堆冷却剂注锌，减少一回路应力腐蚀破裂风险和堆芯外放射性水平。

三、核电站功率运行期间一回路水化学参数和取样频率
核电站功率运行期间反应堆冷却剂的水化学参数和建议取样频率，应满足表 6-1 的要求。

表 6-1　　核电站功率运行期间反应堆冷却剂的水化学参数和建议取样频率

水化学参数	控制范围	建议取样频率[1]
pH_T	6.9~7.4（计算值）	—
硼酸（以 B 计，mg/kg）	0~2700	1次/天
氢氧化锂-7[2]（以 Li^7 计，mg/kg）	≤3.5	1次/天
氢（STP，mL/kg H_2O）	17~50	连续

续表

水化学参数	控制范围	建议取样频率①
氯离子（$\mu g/kg$）	≤150	1次/周
氟离子（$\mu g/kg$）	≤150	1次/周
硫酸根离子（$\mu g/kg$）	≤150	1次/周
溶解氧（$\mu g/kg$）	≤5	需要时测量
二氧化硅（$\mu g/kg$）	≤1000	1次/月
铝（$\mu g/kg$）	≤50	1次/月
钙（$\mu g/kg$）	≤50	1次/月
镁（$\mu g/kg$）	≤50	1次/月
锌③（$\mu g/kg$）	5～40	1次/天

① 根据核电站具体情况，取样频率可有所变化。

② 根据核电站具体情况，确定锂浓度上限。只有锂-7同位素浓集到≥99.9%的氢氧化锂才可用于反应堆功率运行时的冷却剂系统。

③ 根据核电站具体情况，确定反应堆一回路冷却剂是否采用注锌。

对表6-1中水化学参数的说明如下。

（1）pH值。冷却剂的pH值对结构材料的均匀腐蚀和应力腐蚀破裂有重大影响。如果维持冷却剂的pH值在控制范围内，不会对压水堆系统的完整性构成危害。冷却剂的pH值按高温pH值控制比较合适，因为运行时冷却剂的实际温度是高温，但高温pH值不便于测量，一般通过计算得知。

在反应堆运行期间，有的通过维持一回路冷却剂pH值恒定在6.9（300℃）以上以减少类似于Fe_3O_4腐蚀产物在燃料包壳表面上沉积，也有的将pH值从6.9（300℃）上升到7.3～7.5（300℃）以减小堆芯外辐射场。根据NB/T 20436—2017《压水堆核电厂水化学控制》规定，冷却剂高温pH_T的控制范围为6.9～7.4（计算值）。

（2）硼酸（H_3BO_3）。由于反应性控制需要，压水堆一回路冷却剂必须加硼酸。硼酸的加入量由需要控制的反应性决定，但必须保证冷却剂反应性温度系数为负。根据NB/T 20436—2017《压水堆核电厂水化学控制》规定，硼酸（以B计）含量的控制范围为0～2700mg/kg。

（3）pH调节剂的含量。大多数压水堆一回路冷却剂添加碱化剂氢氧化锂（LiOH），也有添加氨水（$NH_3 \cdot H_2O$）和氢氧化钾（KOH）的（如苏联的VVERs型压水堆、我国的田湾核电站），其目的都是提高pH值，使一回路系统材料的均匀腐蚀减至最小和尽可能避免局部腐蚀破裂。为此必须规定与pH值相应的pH调节剂的含量。我国NB/T 20436—2017《压水堆核电厂水化学控制》规定，氢氧化锂-7（以Li^7计）含量的控制范围为不大于3.5mg/kg。

（4）溶解氢。冷却剂中的氢气（H_2），既要抑制由于水的辐照分解而产生氧、控制冷却剂中其他氧化性辐照分解产物的浓度，又要保证氢气的用量合适、不致引起副作用，因而必须规定冷却剂中氢气的含量。

试验证明，典型压水堆冷却剂中的硼浓度为1100mg/L时，维持冷却剂中氢气含量在14～15mL/kg H_2O（STP）就可抑制水的辐照分解产生氧。有关辐照分解产生氧的计算表明，当反应堆功率运行时，氢的浓度维持在 $15\sim20mL/kg\ H_2O$（STP）时可抑制形成 H_2O_2、氧化性自由基和具有腐蚀性的 H_2O。为留有余地，防止氢的泄漏损失，通常将加氢的浓度控制在每升水中含有 $25\sim40mL$ 的 H_2（STP），这相当于室温下氢分压为 $1.01\times10^5\sim2.02\times10^5Pa$ 时水中氢的饱和溶解度。根据 NB/T 20436—2017《压水堆核电厂水化学控制》规定，冷却剂中氢含量（STP）的控制范围为 $17\sim50\ mL/kg\ H_2O$。

（5）氯离子（Cl^-）。奥氏体不锈钢暴露于含有氧的高温水中，如果有 Cl^- 存在，将会发生点蚀、应力腐蚀破裂等。Cl^- 允许浓度的确定基于奥氏体不锈钢应力腐蚀破裂与氧和 Cl^- 浓度之间的相互关系。根据 NB/T 20436—2017《压水堆核电厂水化学控制》规定，Cl^- 浓度的控制范围为不大于 $150\mu g/kg$。

（6）氟离子（F^-）。F^- 也可导致压水堆不锈钢和锆合金结构材料的应力腐蚀破裂。试验结果表明，导致不锈钢应力腐蚀破裂的最低 F^- 浓度为 $10mg/L$；当试验溶液中含有硼酸时，未观察到应力腐蚀破裂现象，或许是有 BF^- 形成的原因；冷却剂中 F^- 浓度＜$2mg/L$ 将不会对非沸腾系统的燃料元件包壳的完整性构成危害。因此，要求 F^- 的浓度远低于 $2mg/L$。我国 NB/T 20436—2017《压水堆核电厂水化学控制》规定，F^- 浓度的控制范围为不大于 $150\mu g/kg$。

（7）硫酸根离子（SO_4^{2-}）。某压水堆核电机组冷停堆时，其蒸汽发生器的因科镍-600合金传热管在一回路侧曾因高浓度硫化物发生破裂，为此需要分析冷却剂中的硫化物。为简化分析手续，将硫化物氧化后作为硫酸盐来分析。根据 NB/T 20436—2017《压水堆核电厂水化学控制》规定，SO_4^{2-} 浓度的控制范围为不大于 $150\mu g/kg$。

（8）溶解氧。氧（O_2）是影响压水堆一回路压力边界结构材料均匀腐蚀和局部腐蚀的主要参数，从理想状态讲，反应堆主冷却剂中最好是完全没有氧的存在，但这是不可能的。因而要求既合理又可能地降低冷却剂中氧浓度至最小量，以减少反应堆冷却剂系统结构材料（包括锆合金）的均匀腐蚀和局部腐蚀，减少腐蚀产物在燃料元件包壳表面上的沉积量。所以，当压水堆一回路加热时加联胺或排气，以控制冷却剂中溶解氧的浓度；当反应堆功率运行时，除 VVERs 型压水堆是靠连续不断的或周期性的向冷却剂加氨经辐射分解产生的氢来抑制水的辐照分解外，其余压水堆运行时是以向冷却剂中添加一定量的氢气抑制水的辐照分解产生的氧和减少补给水中氧含量，使冷却剂中的氧含量降低到允许值。反应堆功率运行时，一般要求冷却剂中的氧含量低于 $5\mu g/kg$。根据 NB/T 20436—2017《压水堆核电厂水化学控制》规定，溶解氧含量的控制范围为不大于 $5\mu g/kg$。

（9）铝、钙、镁和硅。由于补给水不纯或者硼酸纯度不高，在反应堆冷却剂中可间断地检测到铝、钙、镁和硅这些杂质。铝、钙和镁的许多硅酸盐和氧化物，其溶解度具有负温度系数的特点。因此，它们将在反应堆冷却剂系统温度最高的部位即燃料元件棒表面上优先沉积。这种沉积可能使堆芯表面的沉积物致密；可能加重 Zr-4 合金的腐蚀，特别是在反应堆有发生显著沸腾的部位。因此，应定期对反应堆补给水中的铝、钙、镁和硅进行监测。根据 NB/T 20436—2017《压水堆核电厂水化学控制》规定，铝、钙、镁含量的控制范围是 $\leqslant50\mu g/kg$，二氧化硅含量的控制范围是不大于 $1000\mu g/kg$。

（10）锌。加锌可减轻一回路应力腐蚀破裂和降低剂量率，因而有的核电站一回路冷却剂中加了锌。根据 NB/T 20436—2017《压水堆核电厂水化学控制》规定，锌含量的控制范围是 $5\sim40\mu g/kg$。

反应堆冷却剂补水的水化学参数和建议取样频率，应满足表 6-2 的要求。

表 6-2 反应堆冷却剂补水的水化学参数和建议取样频率

水化学参数	控制范围	建议取样频率[①]
电导率（25℃，μS/cm）	≤1.0	1次/周
pH（25℃）	6.0～8.0	1次/周
溶解氧（μg/kg）	≤100	1次/周
氯离子（μg/kg）	≤50	1次/周
氟离子（μg/kg）	≤50	1次/周
硫酸根离子（μg/kg）	≤50	1次/周
二氧化硅（μg/kg）	≤200	1次/月
铝（μg/kg）	≤20	1次/月
钙（μg/kg）	≤20	1次/月
镁（μg/kg）	≤20	1次/月

① 根据核电站具体情况，取样频率可有所变化。

在余热排出系统投入运行到冷停堆之前，余热排出系统的水化学参数和建议取样频率应满足表 6-3 的要求。

表 6-3 余热排出系统的水化学参数和建议取样频率

水化学参数	控制范围	建议取样频率[①]
pH（25℃）	4.0～8.0	1次/天
溶解氧（μg/kg）	≤100	1次/天
氯离子（μg/kg）	≤150	1次/周
氟离子（μg/kg）	≤150	1次/周
硫酸根离子（μg/kg）	≤150	1次/周
硼酸[②]（以 B 计，mg/kg）	2300～2700	1次/天
二氧化硅（μg/kg）	≤1000	1次/月
铝（μg/kg）	≤50	1次/月
钙（μg/kg）	≤50	1次/月
镁（μg/kg）	≤50	1次/月

① 根据核电站具体情况，取样频率可有所变化。
② 根据核电站具体情况，确定硼酸浓度。

乏燃料水池的水化学参数和建议取样频率，应满足表 6-4 的要求。

表 6-4 乏燃料水池的水化学参数和建议取样频率

水化学参数	控制范围	建议取样频率[①]
硼酸[②]（以 B 计，mg/kg）	2100～2700	1次/周
氯离子（μg/kg）	≤150	1次/2周
氟离子（μg/kg）	≤150	1次/2周

续表

水化学参数	控制范围	建议取样频率[①]
硫酸根离子（μg/kg）	≤150	1次/2周
二氧化硅（μg/kg）	≤3000	1次/月
铝（μg/kg）	≤1000	1次/月
钙（μg/kg）	≤1000	1次/月
镁（μg/kg）	≤1000	1次/月

① 根据核电站具体情况，取样频率可有所变化。

② 根据核电站具体情况，确定硼酸浓度。

换料水箱的水化学参数和建议取样频率，应满足表6-5的要求。

表6-5　　　　　换料水箱的水化学参数和建议取样频率

水化学参数	控制范围	建议取样频率[①]
硼酸[②]（以B计，mg/kg）	2100～2700	1次/月
氯离子（μg/kg）	≤150	1次/月
氟离子（μg/kg）	≤150	1次/月
硫酸根离子（μg/kg）	≤150	1次/月
二氧化硅（μg/kg）	≤1000	1次/月
铝（μg/kg）	≤100	1次/月
钙（μg/kg）	≤100	1次/月
镁（μg/kg）	≤100	1次/月

① 根据核电站具体情况，取样频率可有所变化。

② 根据核电站具体情况，确定硼酸浓度。

硼酸储存箱的水化学参数和建议取样频率，应满足表6-6的要求。

表6-6　　　　　硼酸储存箱的水化学参数和建议取样频率

水化学参数	控制范围	建议取样频率[①]
硼酸（以B计，mg/kg）	视情况而定[②]	1次/月
氯离子[③]（μg/kg）	≤150	1次/月
氟离子[③]（μg/kg）	≤150	1次/月
硫酸根离子[③]（μg/kg）	≤150	1次/月
二氧化硅（μg/kg）	稀释后与反应堆冷却剂限值保持一致	1次/月
铝（μg/kg）	稀释后与反应堆冷却剂限值保持一致	1次/月
钙（μg/kg）	稀释后与反应堆冷却剂限值保持一致	1次/月
镁（μg/kg）	稀释后与反应堆冷却剂限值保持一致	1次/月

① 根据核电站具体情况，取样频率可有所变化。

② 根据核电站具体情况，控制硼酸浓度。硼酸浓度通常为2.5%或4.0%。

③ 硼酸浓度为4.0%时，可放宽为小于或等于300μg/kg。

设备冷却水的水化学参数和建议取样频率，应满足表6-7的要求。

表 6 - 7　　　　　　　　　　设备冷却水的水化学参数和建议取样频率

水化学参数	控制范围	建议取样频率
缓蚀剂（mg/kg）	取决于核电站选择①	1次/周
pH②（25℃）	取决于缓蚀剂	1次/周
氯离子（μg/kg）	≤150	1次/周
氟离子（μg/kg）	≤150	1次/周
硫酸根离子（μg/kg）	≤150	1次/周

注　核电站可根据实际情况，选择适当的缓蚀剂，以减少设备的腐蚀，但目前缺乏低剂量、高效、环保的绿色缓蚀剂。武汉大学谢学军教授研究开发的一种可用于除盐水中碳钢等金属防腐蚀的咪唑啉类缓蚀剂，基本上满足绿色缓蚀剂要求。

① 根据核电站选择的缓蚀剂，确定其控制范围以达到最佳缓蚀效果。

② 根据核电站选择的缓蚀剂，确定 pH 值，使缓蚀剂达到最佳缓蚀效果。

第二节　压水堆核电站二回路水化学参数及其质量标准

一、控制二回路水化学的目标

（1）减少设备的腐蚀，特别是减少蒸汽发生器的腐蚀，防止蒸汽发生器传热管破裂，并延长设备使用寿命；

（2）减少来自凝结水系统和给水系统的杂质和腐蚀产物进入蒸汽发生器；

（3）减少杂质和腐蚀产物在系统表面沉积。

二、控制二回路水化学的措施

（1）给水系统采用适当的碱化剂；

（2）在凝结水和给水系统中添加联氨；

（3）必要时投运凝结水精处理装置；

（4）连续排污，必要时加大排污量。

三、核电站二回路主要水化学参数和取样频率

在冷态湿保养、热态功能试验/热停堆/热备用/启动期间，及反应堆功率升至30%前，蒸汽发生器排污水的水化学参数应满足表 6 - 8 的要求。蒸汽发生器功率运行期间（反应堆功率大于或等于30%），排污水的水化学参数和建议取样频率应满足表 6 - 9 的要求。

表 6 - 8　　　在冷态湿保养、热态功能试验/热停堆/热备用/启动期间
及反应堆功率升至 **30%** 前蒸汽发生器排污水的水化学参数

水化学参数	控制范围		
	冷态湿保养	热态功能试验/热停堆/热备用/启动	反应堆功率升至30%前
pH（25℃）	9.5~10.5	9.0~10.0	9.0~10.0
阳离子电导率（25℃，μS/cm）	—	≤2.0	≤2.0
钠（μg/kg）	≤1000	≤100	≤10
氯离子（μg/kg）	≤1000	≤100	≤20

续表

水化学参数	控制范围		
	冷态湿保养	热态功能试验/热停堆/热备用/启动	反应堆功率升至30%前
硫酸根离子（μg/kg）	≤1000	≤100	≤20
联氨（mg/kg）	75～200	—	—
溶解氧（μg/kg）	≤100①	—	—

① 蒸汽发生器充除氧除盐水及氮气密封时适用。

根据 NB/T 20436—2017《压水堆核电厂水化学控制》，对表6-8中冷停堆/湿态保养模式下二回路蒸汽发生器排污水的水化学参数及其控制范围说明如下。

（1）pH值。用氨水溶液使蒸汽发生器二回路水的pH值维持在9.5～10.5（25℃），以便在蒸汽发生器材料表面形成保护膜，防止蒸汽发生器的腐蚀。

（2）钠。维持水中钠含量低于$1000\mu g/L$，以保证在堆启动之前水中的污染不超过允许水平。如超过$1000\mu g/L$，则蒸汽发生器应先排水，然后再充符合要求的水。

（3）氯离子。在冷停堆条件下，Cl^-可加速因科镍-600和因科镍-690合金的点蚀，如蒸汽发生器水中Cl^-浓度超过$1000\mu g/L$，则应将蒸汽发生器中的水排尽，再充符合要求的水。

（4）硫酸根离子。冷停堆工况下，硫酸盐可加速因科镍-600和因科镍-690合金的局部腐蚀。如蒸汽发生器水中SO_4^{2-}的浓度超过$1000\mu g/L$，应将蒸汽发生器中的水排尽，再充符合要求的水。

（5）联氨（N_2H_4）。联氨是一种除氧剂，而且可抑制铁类金属的均匀腐蚀和局部腐蚀。

在蒸汽发生器水中，联氨浓度维持在$75～200mg/L$、pH值大于9.8，可使金属表面上的保护膜得以增强。

（6）溶解氧。溶解氧会引起铁表面的腐蚀，使因科镍-600和因科镍-690合金易发生点蚀。因此在充水时，氧浓度应低于$100\mu g/L$，补水中的氧含量也应在$100\mu g/L$以内。

根据 NB/T 20436—2017《压水堆核电厂水化学控制》，对表6-8中热态功能试验/热停堆/热备用和反应堆功率升至30%前模式下二回路蒸汽发生器排污水的水化学参数说明如下。

（1）阳离子电导率。阳离子电导率是水通过氢型强酸阳离子交换树脂处理后测得的电导率，可指示水中溶解的阴离子总量，它的值应与分析所获得的强阴离子总量的结果相适应。

（2）钠。钠来源于凝汽器的泄漏、补水或凝结水精处理装置的再生剂等化学药品。氢氧化钠与汽轮机材料和蒸汽发生器传热管的腐蚀有关，因此对水中钠含量甚为关注。

（3）氯离子。Cl^-可促进缝隙区非保护性四氧化三铁的生成（凹陷腐蚀），引起因科镍-600合金的点蚀。因此，提升功率时要严格控制Cl^-含量，以限制它可能在有关部位隐藏起来。

（4）硫酸根离子。酸性和碱性溶液中的SO_4^{2-}可引起因科镍-600合金的晶间腐蚀，SO_4^{2-}也可促使因科镍-600合金发生点蚀，它与Cl^-一起能促进缝隙中非保护性四氧化三铁的增加。

在传热条件下，SO_4^{2-}将会隐藏起来。因此，在提升功率之前应控制水中SO_4^{2-}的含量。

表 6 - 9　　　　功率运行期间（反应堆功率大于或等于 30%）蒸汽发生器排污水的
水化学参数和建议取样频率

水化学参数	控制范围	建议取样频率①
pH（25℃）	9.0～10.0②	连续
阳离子电导率（25℃，$\mu S/cm$）	≤1.0	连续
钠（$\mu g/kg$）	≤5	连续
氯离子（$\mu g/kg$）	≤10	1次/周
硫酸根离子（$\mu g/kg$）	≤10	1次/周
二氧化硅（$\mu g/kg$）	≤300	1次/周

① 根据核电站具体情况，取样频率可有所变化。

② 此范围适用于凝结水、给水和蒸汽系统内流体不与铜或铜合金接触的情况。

根据 NB/T 20436—2017《压水堆核电厂水化学控制》，对表 6 - 9 中功率运行期间（反应堆功率大于或等于 30%）蒸汽发生器排污水的水化学参数说明如下。

（1）pH 值。蒸汽发生器排污水的 pH 值在没有显著杂质侵入、也没有一回路冷却剂向二回路泄漏时，可通过给水加氨和联氨来控制。

因为全挥发处理法对强的离子化杂质不具备缓冲能力，因此可采用以水中氨量计算的 pH 值与该水溶液实测 pH 值相比较，来判断蒸汽发生器总体水中存在的酸性或碱性杂质浓度。

（2）阳离子电导率。阳离子电导率可用来检测侵入的可溶性阴离子杂质，它的值应与用其他分析方法取得的强阴离子浓度值相适应，并可确定它们之间有差异的原因。

根据核电站运行经验，规定排污水的阳离子电导率不大于 $1.0\mu S/cm$。

（3）钠。根据核电站运行经验，钠的含量超过控制范围，会增加因科镍 - 600 和因科镍 - 690 合金传热管苛性应力腐蚀破裂的可能性。这不但是根据钠对镍基合金苛性应力腐蚀破裂影响的运行经验作出的判断，也是根据实验室研究的试验数据而下的判断。

（4）氯离子。Cl^-对处于蒸汽发生器运行工况条件下的钢铁材料是腐蚀性杂质，其他强酸性的离子（如 SO_4^{2-}），也是腐蚀性的。它们有能力扩散到腐蚀界面而且在缝隙处浓集，对材料的腐蚀性由其腐蚀强度支配。

从发生凹陷腐蚀的蒸汽发生器取出的传热管管板和支撑缝隙处样品的分析结果表明，缝隙处的 Cl^- 浓度超过 4000mg/L。在缝隙处形成如此高的 Cl^- 浓度，是由于局部热工水力条件所致。

氯化物可在缝隙区形成酸性环境。试验表明，处于酸性环境的 Cl^- 是非保护性四氧化三铁增长的主要因素。如水溶液中存在着可被还原的物质氧、二价铜和二价镍，能促使在缝隙处形成酸性环境。

（5）硫酸根离子。在蒸汽发生器运行工况下，SO_4^{2-} 可促使因科镍 - 600 合金发生晶间腐蚀。这种腐蚀在酸性或碱性环境均可发生。SO_4^{2-} 也可使因科镍 - 600 合金发生点蚀、加速钢铁材料的腐蚀。SO_4^{2-} 在传热条件下可以隐藏起来，因为运行温度下它的溶解度不大。因此，标准中应对 SO_4^{2-} 的含量定得较低。

（6）二氧化硅。硅可在汽轮机内沉积，也可形成硅酸盐沉积于蒸汽发生器内，所以在标准中规定其含量不大于 $300\mu g/L$。

功率运行期间给水的水化学参数和建议取样频率，应满足表 6 - 10 的要求。

表 6 - 10　　　　　　　　　功率运行期间给水的水化学参数和建议取样频率

水化学参数	控制范围	建议取样频率①
pH（25℃）	9.0～10.0②	连续
溶解氧（$\mu g/kg$）	≤ 5	连续
联氨（$\mu g/kg$）	≥8×CPD［O_2］③，最小值为 20	连续
碱化剂（mg/kg）	满足 pH 值控制范围要求④	1 次/天
全铁（$\mu g/kg$）	≤ 5	1 次/周
全铜（$\mu g/kg$）	≤ 1	1 次/周
阳离子电导率（25℃，$\mu S/cm$）	≤ 0.2	连续

注　核电站可根据实际情况，选择适当的碱化剂，以减少设备的腐蚀。

① 根据核电站具体情况，取样频率可有所变化。

② 此范围适用于凝结水、给水和蒸汽系统内流体不与铜或铜合金接触的情况。

③ CPD［O_2］为凝结水泵出口处的溶解氧浓度。

④ 根据核电站选择的碱化剂确定其控制范围，从而将 pH 值控制在规定范围内。

根据 NB/T 20436—2017《压水堆核电厂水化学控制》，对表 6 - 10 中功率运行期间给水的水化学参数说明如下。

（1）pH 值。确定给水 pH 值的范围取决于给水系统的材料。

氨是挥发性的，通常用作控制给水 pH 的碱化剂，其他胺如吗啉和乙醇胺也可用于调节二回路给水的 pH 值。联氨热分解生成氨将影响水的 pH 值。

核电站采用铁体系的给水系统运行时，给水的 pH 值要求维持在 9.0～10.0（25℃）范围内。这样有助于维持给水系统的长期完整性，并能使向蒸汽发生器转移的腐蚀产物量达到最小。但是要认识到，给水的 pH 值大于 9.3（25℃），对凝结水精处理系统中离子交换树脂的交换容量消耗非常大，核电站应评估本厂的腐蚀产物和离子杂质数据，从全局利益考虑确定给水的具体 pH 值范围。

（2）溶解氧。控制水中氧含量和 pH 值，可使形成的腐蚀产物和转移量达到最小值。要连续监测给水和凝结水中的溶解氧。

在温度高于 100℃ 的水中，如无其他促使材料腐蚀的物质存在，水中溶解的氧可在碳钢表面上形成不透水可自身修复的四氧化三铁保护膜；如水溶液中含有镍、钴、钒和氯化物，则形成没有保护性的四氧化三铁。如非保护性的四氧化三铁线性增加，最终将会导致蒸汽发生器传热管因凹陷腐蚀而破裂。实验室研究表明，二价铜的氯化物或氧化物均为该腐蚀类型的加速剂，在有氧存在的中性氯化物水溶液中也可形成非保护性的四氧化三铁。

（3）联氨。在给水系统条件下，氧与联氨的反应可认为是在金属氧化物或氢氧化物的表面上进行的，反应速率随 pH 值、过剩联氨量、温度的升高而增大，可能还取决于接触的表面。如杜绝空气向系统的泄漏，又用联氨作为氧的清除剂可减少材料的腐蚀。材料腐蚀速率降低，可减少向蒸汽发生器转移的腐蚀产物量。

在蒸汽发生器运行温度下，联氨分解成氨并与蒸汽一起进入凝汽器，氨溶于凝结水中，有助于凝结水 pH 值的控制，然而对铜合金系统，必须防止过剩氨。

（4）全铁。监测水中铁的总量，可以定量地判断腐蚀产物的转移和蒸汽发生器内淤渣的积累，以及给水系统的腐蚀情况。规定给水中铁的含量不大于 $5\mu g/L$，是基于许多核电站的运行经验数据。

（5）全铜。监测水中总铜量，可以定量地判断腐蚀产物的转移，蒸汽发生器中淤渣的积累，以及给水系统的腐蚀情况。

规定给水中铜含量不大于 $1\mu g/L$，也是基于许多核电站的运行经验。

功率运行期间凝结水的水化学参数和建议取样频率，应满足表 6-11 的要求。

表 6-11　　　　　　　　功率运行期间凝结水的水化学参数和建议取样频率

水化学参数	控制范围	建议取样频率①
阳离子电导率（25℃，$\mu S/cm$）	$\leqslant 0.3$	连续
溶解氧（$\mu g/kg$）	$\leqslant 10$	连续
钠（$\mu g/kg$）	$\leqslant 1$	连续②

① 根据核电站具体情况，取样频率可有所变化。

② 采用海水冷却时应连续监测。

根据 GB/T 12145—2016《火力发电机组及蒸汽动力设备水汽质量》，主蒸汽的化学参数见表 6-12。

表 6-12　　　　　　　　　　蒸汽质量标准（摘自 GB/T 12145—2016）

蒸汽压力（MPa）	钠（$\mu g/kg$）		氢电导率（25℃，$\mu S/cm$）		二氧化硅（$\mu g/kg$）		铁（$\mu g/kg$）		铜（$\mu g/kg$）	
	标准值	期望值	标准值	期望值	标准值	期望值	标准值	期望值	标准值	期望值
3.8～5.8	$\leqslant 15$	—	$\leqslant 0.30$	—	$\leqslant 20$	—	$\leqslant 20$	—	$\leqslant 5$	—
5.9～15.6	$\leqslant 5$	$\leqslant 2$	$\leqslant 0.15$①	—	$\leqslant 15$	$\leqslant 10$	$\leqslant 15$	$\leqslant 10$	$\leqslant 3$	$\leqslant 2$
15.7～18.3	$\leqslant 3$	$\leqslant 2$	$\leqslant 0.15$①	$\leqslant 0.10$①	$\leqslant 15$	$\leqslant 10$	$\leqslant 10$	$\leqslant 5$	$\leqslant 2$	$\leqslant 2$
>18.3	$\leqslant 3$	$\leqslant 1$	$\leqslant 0.10$	$\leqslant 0.08$	$\leqslant 10$	$\leqslant 5$	$\leqslant 5$	$\leqslant 3$	$\leqslant 2$	$\leqslant 1$

① 表面式凝汽器、没有凝结水精处理除盐装置的机组，蒸汽的脱气氢电导率标准值不大于 $0.15\mu S/cm$，期望值不大于 $0.10\mu S/cm$；没有凝结水精处理除盐装置的直接空冷机组，蒸汽的脱气氢电导率标准值不大于 $0.30\mu S/cm$，期望值不大于 $0.15\mu S/cm$。

表 6-12 中各参数的意义如下。

（1）钠。因为蒸汽中的盐类主要是钠盐，所以蒸汽中的钠含量可以表征蒸汽含盐量的多少，故钠含量是蒸汽质量的指标之一。为了便于及时发现蒸汽质量劣化问题，应连续测定（最好是自动记录）蒸汽的钠含量。

（2）氢电导率。蒸汽凝结水（冷却至 25℃）通过氢型强酸阳离子交换树脂处理后的电导率，简称氢电导率，也称阳离子电导率，可用来表征蒸汽含盐量的多少。氢型强酸阳离子交换树脂的作用是去除蒸汽中的 NH_4^+，提高电导率监测的灵敏度。之所以将氢电导率作为监督蒸汽质量的一个指标，是因为：①氨是为了提高水汽 pH 值而加入的，不属于盐分；②水中 NH_4^+ 被 H^+ 等摩尔替代后，增强了对应的阴离子含量对电导率的贡献，即提高了电导率对含盐量变化响应的灵敏度。

脱气氢电导率是水样先通过氢型强酸阳离子交换树脂处理、再通过脱气装置除去溶解二氧化碳后测得的电导率。

（3）二氧化硅。蒸汽中的硅酸会在汽轮机内形成难溶于水的二氧化硅沉积物，从而危及汽轮机的安全、经济运行。因此必须将硅含量作为蒸汽品质的重要指标加以严格控制。

（4）铁和铜。为了防止汽轮机中沉积金属氧化物，应检查蒸汽中铁和铜的含量。

由表 6-12 可知，参数越高的机组，对蒸汽质量的要求越严格。因为在高参数汽轮机内，高压级的蒸汽通流截面很小（这是因为蒸汽压力越高，蒸汽比容越小），所以即使在其中沉积少量盐类，也会使汽轮机的效率和出力显著降低。

第三节　压水堆核电站设备水压试验用水要求

一、水压试验用水水质要求

压水堆核电站设备水压试验用水分为 A、B、C 三级，各等级的水质要求见表 6-13。

表 6-13　　　　　压水堆核电站设备水压试验用各等级水的水质要求

水化学参数	控制范围		
	A 级	B 级	C 级
氯离子（$\mu g/kg$）	≤150	≤1000	≤25000
氟离子（$\mu g/kg$）	≤150	≤150	≤2000
硫酸根离子（$\mu g/kg$）	≤150	≤1000	≤25000
电导率（25℃，$\mu S/cm$）	≤2.0	≤20	≤400
二氧化硅（$\mu g/kg$）	≤50	≤50	—
悬浮固体（$\mu g/kg$）	≤100	—	—
pH①（25℃）	6.0～8.0	6.0～8.0	—
目视透明度	无浑浊、无油、无沉淀		

① 储存在水箱内的水可能吸收 CO_2，此时的 pH 值的下限可以降到 5.7（25℃）。

二、水压试验用水

对于温度高于 54℃的水压试验，应该使用 A 级水。在整个试验期间，水质至少应该保持在 B 级水平。对于温度低于 54℃的水压试验，A 级水、B 级水、C 级水均可以使用。当使用 C 级水时，试验完成后排空水，并立即用 A 级水或 B 级水进行冲洗。

对于具有缝隙的设备，只能使用 A 级水。

除了根据上述规定选择试验用水外，还可以根据设备材料和试验温度的具体情况控制试验用水的 pH 值和溶解氧浓度。含有铜合金或铝合金的部件不应采用氨溶液进行水压试验。

注意，上述水压试验用水水质，是 NB/T 20436—2017《压水堆核电厂水化学控制》中规定的，对碳钢等材料的防腐蚀效果不佳。为了提高水压试验用水的防腐蚀效果，建议采用加了合适缓蚀剂防腐的除盐水，合适缓蚀剂如武汉大学谢学军教授研究开发的能防止碳钢等金属在除盐水中腐蚀的绿色咪唑啉类缓蚀剂。

参 考 文 献

[1] 钱达中，谢学军．核电站水质工程［M］．北京：中国电力出版社，2008．

[2] 韩延德．核电厂水化学［M］．北京：原子能出版社，2010．

[3] 张绮霞．压水反应堆的化学化工问题［M］．北京：原子能出版社，1984．

[4] 谢学军，龚洵洁，许崇武，等．电力设备腐蚀与防护［M］．北京：科学出版社，2019．

[5] 谢学军，付强，廖冬梅，等．金属腐蚀及防护效益分析［M］．北京：中国电力出版社，2015．

[6] 谢学军，龚洵洁，许崇武，等．热力设备的腐蚀与防护［M］．北京：中国电力出版社，2011．

[7] 周柏青，陈志和．热力发电厂水处理：第五版［M］．北京：中国电力出版社，2019．

[8] 李培元，周柏青．发电厂水处理及水质控制［M］．北京：中国电力出版社，2012．

[9] 陈志和．水处理技术问答［M］．北京：中国电力出版社，2013．

[10] 谢学军，龚洵洁，彭珂如．咪唑啉类缓蚀剂 BW 的高温成膜研究［J］．腐蚀科学与防护技术．2010，22（5）：423-426．

[11] 谢学军，张瑜．低电导率水中碳钢缓蚀剂咪唑啉的研究进展［J］．水处理技术，2020，46（9）：15-18．

[12] 谢学军，李嘉晨，张瑜．与电厂化学有关的几个问题的探讨［J］．电力与能源，2020 41（4）：534-537．

[13] Xie Xuejun, Li Jiachen, Zhang Yu. Corrosion Mechanism of Copper in Desalted Water［J］. Materials Performance, 2020, 59（9）：40-43.

[14] Xie Xuejun, Zhang Yu. Study on Inhibition Mechanism of an Imidazoline Derivative［J］. Materials Performance. 2019, 58（11）：46-49.

[15] Xie Xuejun, Zhang Yuanlin, Wang Rui, Zhang Yu, Mianzhao Ruan. Research on the effect of the pH value on corrosion and protection of copper in desalted water［J］. Anti-Corrosion Methods and Materials［J］. 2018 65（6）：528 – 537.